U0122785

愉快有效提升
孩子的閱讀能力到世界前列

作者：**謝錫金、袁妙霞、梁昌欽、吳鴻偉**

序

英文，是全球最通用的語文；中文，是全球最多人使用的語文。如果能同時掌握這兩種語文，無論是升學就業，學習知識，還是與人溝通，肯定都是一種優勢。

197 年以前，香港是英國殖民地，社會自然以英文為先，教育也以英文為主。香港回歸中國之後，語文教育情況出現變化。英文依然受到重視，但中文教育也開始逐步發展，社會由以英文主導，變成中英文雙語並重。

香港回歸之前，中文的地位長期被壓。雖說香港人口最常使用的語文是中文，但社會對中文的教與學，都存有很多誤解，推廣中文閱讀進展緩慢，致使中文教育成效不彰。

2000 年，教育局提出《香港教育制度改革建議》，透過四大關鍵項目，促進學生學會學習的能力，以達至終身學習的目標，其中「從閱讀中學習」就是四大關鍵項目之一。從那時開始，閱讀開始受到社會重視。有關當局亦着手研究，在學校開設課程發展閱讀，在社會提高閱讀風氣，在家庭培養閱讀興趣，全面推廣閱讀。

2001 年，在政府的資助下，我們的團隊代表香港參與了國際性的權威研究——全球學生閱讀能力進展研究 (Progress in International

Reading Literacy Study，簡稱 PIRLS)。我們到世界各地觀摩、學習、分享，大大加深了對閱讀的理解和認識。在政府和團體的大力推廣下，我們在全港多個大型場館，包括香港大會堂、荃灣大會堂、屯門大會堂、香港科學館等，舉辦了多場講座，每場聽眾逾千。

在課程改革起步的 2001 年，香港學生在 PIRLS 研究中全球排名十四，成績中等。2001 至 2006 的五年間，學校根據我們的研究和建議，積極推行閱讀，措施包括製訂校本課程，增加在校閱讀時間，例如設立晨讀和午讀時段，大量購買圖書，增聘圖書館主任，培訓老師，動員家長等。到 2006 年，香港第二次參與 PIRLS 的研究，成績大幅躍升至全球排行第二。香港學生在短短幾年間，閱讀成績能夠如此突飛猛進，離不開政府、社會、學校、我們的團隊和家長的不懈努力及緊密合作。

到了 2011 年，香港第三次參與 PIRLS 研究，成績更高踞全球榜首，香港的教育制度亦為全球關注。雖然一直以來，社會上還有不少聲音説香港學生的語文能力欠佳，但這顯然是一種誤解。

不過，到了 2016 年，香港第四次參與 PIRLS 研究，成績雖然仍位於三甲之內，但排名已由第一位下降至第三位。看來，香港學生的閱讀發展步伐有點放慢，有被其他國家迎頭趕上的危機。

要保持甚至提升香港的競爭力，教育質素極其重要，而閱讀就是語文教育中十分重要的一環。閱讀是孩子成長必備的能力，是文化的

傳承，是各種學科學習能力之母，是終身學習需要的條件。閱讀對孩子來説，應該是愉快的，它不是一種負擔，更不是一種壓力。因此，我們希望，香港學生除了保持閱讀成績優秀之外，對閱讀的興趣、信心和投入程度都能不斷進步及持續發展。

二十年來，我們進行過多項研究，發表過多項研究報告。為了讓嚴肅的研究報告變成家長和老師容易閱讀的材料，我們有了出版這本書的構想。書中列舉多項實證和建議，提供有效和愉快地提升孩子閱讀能力的方法。當然，這是一項任重道遠的使命，需要教育局、大專院校、中學、小學、幼稚園，還有家長的共同努力，才能達成。

藉着這本書，我們希望把社會潛在的動力，重新啓動起來，幫助香港學生培養閱讀興趣，建立閱讀信心，讓香港學生的閱讀成績繼續走在世界前列。我們有一個信念，就是堅持愉快有效學習。

謝錫金

香港大學教育學院教授

香港大學教育學院中文教育研究中心前總監

使用說明

本書以二十年的研究結果為依據，詳列數據和實證，提出「提升孩子的閱讀能力到世界前列」的可行方法，適合家長、教師、社工及所有關心孩子閱讀能力發展的人士閱讀。下面是每章的主題重點，供讀者參考。

第一章：閱讀對孩子成長的影響

良好的語文能力，是孩子日後學習一切知識的基礎。閱讀能夠給幼兒創造一個良好的語言環境，幫助提升語言能力，為語文能力打好基礎。本章適合家長、教師和社工閱讀。

第二章：孩子的腦部發育和不同的閱讀階段

閱讀能夠促進腦部發育，增加智慧。如果九歲前的孩子透過閱讀來學會閱讀，九歲後的孩子就能夠透過閱讀來學習其他學科知識。本章適合家長、教師和社工閱讀。

第三章：提升孩子的閱讀能力到世界前列不是一個夢

連續四屆的「全球學生閱讀能力進展研究 (PIRLS)」結果，告訴我們香港孩子的閱讀成績已經達到世界前列。研究是科學、細緻和嚴

謹的，本章列舉自 2001 年起的研究數據，並刊出有關的調查問卷，供讀者使用。

影響孩子閱讀成績的因素有很多。請家長填寫本章的「家長問卷」，並指導孩子填寫「孩子問卷」，從而了解自己孩子和家庭的閱讀狀況，再配合 PIRLS 的結果，幫助孩子提升閱讀能力到世界前列。本章適合家長、教師和社工閱讀。

第四章：PIRLS 帶給社會的啟示

孩子的閱讀成績，需要條件推動。四次的 PIRLS 研究，二十年的研究數據，為研究員提供了充足和精準的材料，總結所得，為家長、學校、社會提出改進建議，冀各界繼續為提升孩子的閱讀能力而努力。本章適合家長、教師、社工和全港教育工作者閱讀。

第五章：零至三歲的親子閱讀

零至三歲，屬啟蒙時期，閱讀活動以聽兒歌、聽故事、玩圖卡 / 字卡遊戲為主。本章按這個時期的幼兒特點，詳述家長跟幼兒進行親子閱讀的方法、技巧和注意事項。本章特別適合幼兒的家長和幼兒教育工作者閱讀。

第六章：三至六歲的親子閱讀

三至六歲的孩子，具有一定的認知能力、説話能力和理解能力。這時的閱讀活動可以更加多樣化，講故事、讀故事、角色扮演、聊書、口語聯想遊戲、環境識字等，都是合適和好玩的閱讀活動，同時能培養孩子多方面的能力。本章特別適合幼兒的家長和幼稚園教師閱讀。

第七章：六至九歲的親子閱讀

閱讀能力是所有學習能力之母。孩子漸長，閱讀愈見重要。這時期的孩子，可以增加閱讀的深度和廣度，進行多元化的閱讀。

六歲以上的孩子，已經可以開始自己閱讀，家長宜為孩子創設良好閱讀環境，盡可能給孩子提供充足的閱讀資源。本章適合家長、教師、社工和全港教育工作者。

第八章：家長錦囊

多年以來，參與的多次講座中，不少家長都提出不少有關孩子閱讀的問題。這些問題，可説是普遍家長心中的疑問。編者經過整理，把這些問題一一列出，並提供意見，供家長參考。本章適合家長、教師、幼兒教育工作者和社工閱讀，特別是家長。

目錄

第六章　三至六歲的親子閱讀

第七章　六至九歲的親子閱讀

第八章　家長錦囊

附錄 PIRLS 2016 研究結果主要圖表

甲部

閱讀與孩子的成長

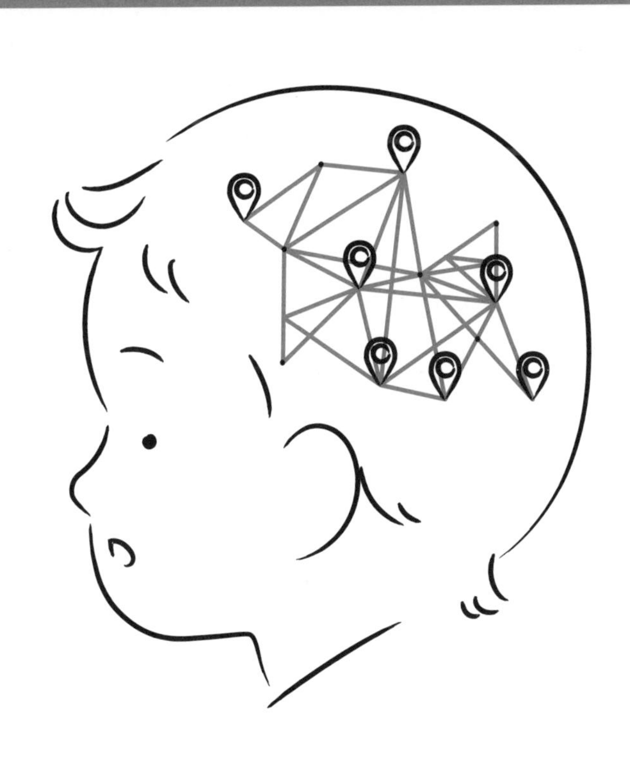

第一章
閱讀對孩子成長的影響

1. 閱讀對幼兒成長的重要

如果你不吸煙，你一定會反對家人吸煙，因為吸煙危害健康，這是大家都知道的常識。閱讀就剛好相反，愛閱讀的家長當然鼓勵孩子閱讀，就算家長工作忙碌，沒有時間閱讀，也一樣樂見孩子閱讀，因為開卷有益，這也是大家都知道的常識。

政府推廣閱讀，社會推廣閱讀，學校推廣閱讀，家長也支持閱讀。那麼，閱讀究竟對孩子成長有什麼好處呢？本書根據研究成果告訴你：閱讀能培養孩子多方面的能力，令孩子更有智慧！

以往，很多人認為一個人的愚智是天生的。我家孩子不夠人家的聰明，只怪上天不公。聰明的孩子固然有一些與生俱來的條件，這是我們改變不了的事實，但愈來愈多科學研究指出，兒童的成長環境對他們日後的認知發展，甚至學習能力，都有莫大的影響。聰明或許是天賜的，但智慧肯定能夠透過生活經驗得到提升。

語言學家告訴我們，零至六歲是孩子學習語言的黃金期。這個時期的孩子，腦袋就像一塊吸水的海綿，能不斷吸收。他們還有一項能力，就是分辨出不同語言的聲音和特色。兒童的語言能力，其實就是語文學習的第一步。良好的語文能力，正是孩子日後學習一切知識的基礎。

孩子腦部吸收語言的能力，從一出生就開始發展。不過，很多父母對嬰幼兒的照顧都着重在營養、衛生、安全方面；加上孩子年紀幼小，父母跟嬰幼兒説話時，往往只會用單字單詞，即使想跟孩子多説，也不知道該説什麼話題。這時候，透過閱讀，透過圖書，親子間的談話素材就豐富了。

閱讀能有趣地、有效地提供豐富的詞彙和句式，為孩子創造一個良好的語言環境。因此，從小跟孩子進行親子閱讀，是一件至為重要，能讓孩子受用一生的事情。

不要等孩子會説話才開始給他講故事，也不要等孩子懂得認字後才開始給他看書。因為，嬰兒已經可以閱讀，只是閱讀的方式和深淺程度不同而已。

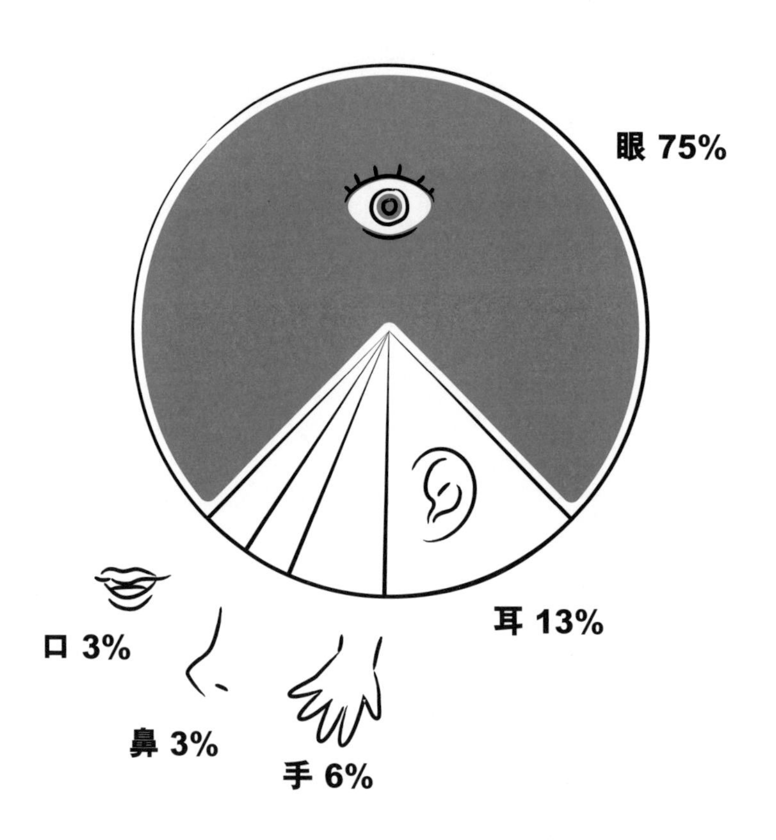

2. 閱讀跟腦部發展的關係

人的腦部構造既複雜又奇妙，不同的部分負責不同的功能。孩子出生後，透過眼、耳、口、鼻、皮膚五種感官的刺激，把訊息傳遞並儲存到腦部不同的位置。但這五種感官吸收資訊的比例並不平均，根據不同研究，視覺和聽覺的刺激，已經佔了我們吸收資訊的 80% 以上。由此可見，在幼兒腦部發育成長的階段，讓孩子多看事物，讓孩子多聽聲音，包括語言，是何等重要的事情。

孩子愈早開始閱讀，對腦部發展愈有好處。因為幼兒閱讀的其中一項重要功能，就是培育幼兒的語言能力。嬰幼兒透過視覺和聽覺的刺激，輸入語言，化成訊息，傳入大腦。這些訊息傳到腦部，分別由腦部不同的位置負責處理。隨着孩子日漸長大，腦部負責語言的區域就會發揮其功能，孩子學會理解口語、分析語意、分析句子、組織句子、輸出口語，也就是説孩子具有一定的語言能力了。

孩子學會説話後，下一階段就是學習認字。孩子繼續從閱讀中吸收多樣的詞彙和句式，從能聽會説，到能讀會寫；從掌握一種語言，到掌握一種語文。

良好的語文能力是孩子日後學習其他學科的重要條件，良好的語文能力又源自良好的語言能力。因此，在兒童腦部成長的黃金時期，如果大腦中的語言區域發育良好，對孩子日後的學習將大有幫助。

怎樣才能使大腦中的語言區域發育良好？那就先要了解孩子腦部發育的過程。

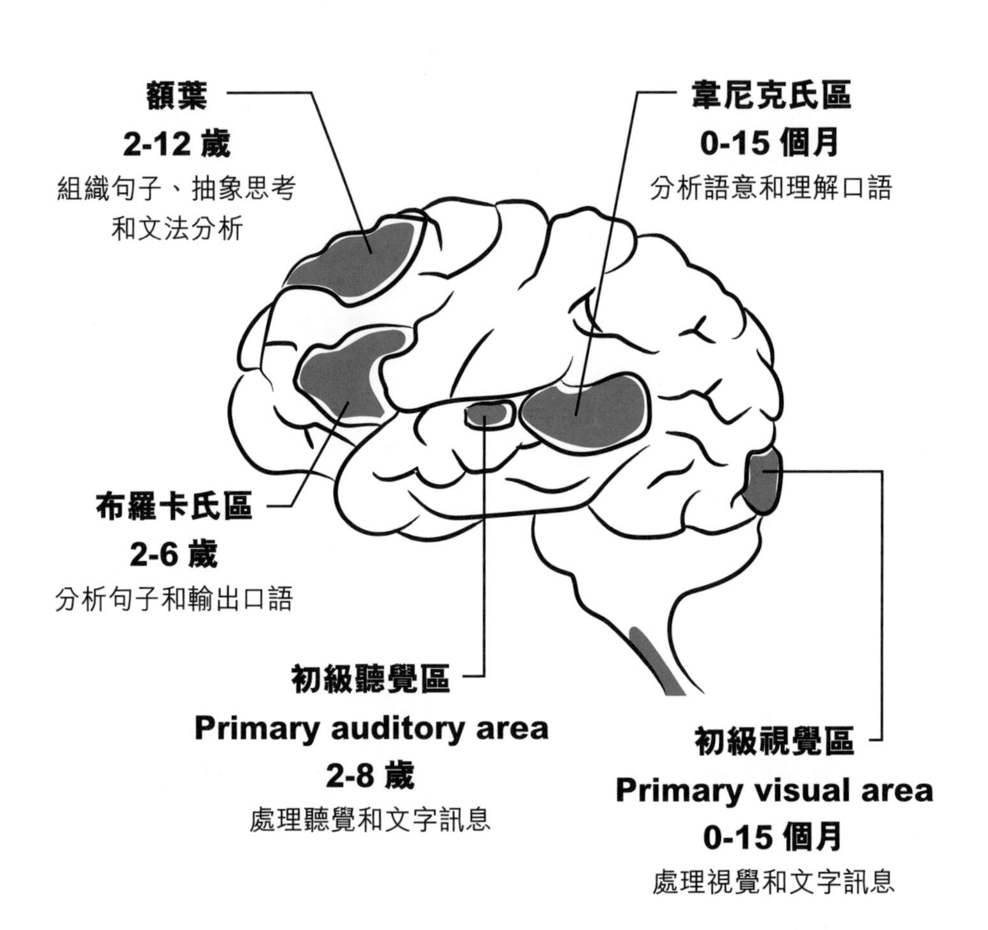

第二章 孩子的腦部發育和不同的閱讀階段

1. 孩子腦部發育的黃金時期

初生的幼兒，身體小小的，皮膚皺皺的，看起來幾乎個個一樣。如果在這個時候訪問孩子的父母，對初生幼兒有什麼期望？絕大部分的父母，都會説希望孩子能夠健健康康地成長，於願足矣。然而，隨着孩子慢慢長大，家長的期望也十分自然地漸漸提高。除了希望孩子擁有健康的身體外，還希望孩子能夠聰明伶俐，樂於學習。

一個人是否聰明伶俐，跟腦部發育有莫大的關係。初生幼兒，身體不斷長高長大，腦部也不斷發育，長大長重。一個人的身體發育可以長至十多歲，但一個人的腦部發育，從出生到六七歲就基本完成。一個六七歲孩子的身體，和一個成年人的身體可以差距很大；但他們腦部的重量，已經基本接近。

人體的生長是因為身體細胞不斷分裂更新，但腦細胞數目在人出生時已經固定，不會隨着年齡而增多。那麼，童年時期的腦部發育又是怎麼一回事？

原來，腦細胞數目雖然不會增加，但負責把各個腦細胞串聯起來的「突觸」卻會生長，形成一個複雜的神經網絡。情形就像一個先進的城市，通訊網絡完善，道路四通八達，市民很容易就得到各地的資訊和物資。比起那些住在偏遠地區的人們，沒有通訊網絡，沒有道路連接，他們能得到的資訊和物資肯定匱乏得多。

腦部的突觸就像城市中那些四通八達的道路和通訊網絡，把腦細胞連結起來，負責傳導訊息。零至六歲，可以說是孩子腦部發育的黃金時期。這時期的孩子，腦部突觸的數目迅速生長，尤其在三歲以前，突觸的數目可以說是爆炸性劇增。

你見過農夫修剪果樹嗎？果樹生長時，農夫會把一些幼弱的樹枝剪掉，目的是令其他樹枝更能茁壯地成長。人的腦部結構就是這麼奇妙，突觸不會無限期地生長下去，它們會像果農般「去蕪存菁」。人到了十歲左右，沒有用的突觸會被自然「剪掉」，保留下來的突觸就會更加強勁。

那麼，是什麼因素決定突觸的去留呢？答案就是「使用率」，使用頻繁的留下來，不常使用的就淘汰。

突觸的作用，是把外界的刺激傳遞到腦細胞。刺激愈多，用上突觸的頻率愈高。因此，年幼的孩子，腦部正在發育，需要多接受外界刺激，例如與人互動、與物接觸、閱讀、遊戲、學習等。過了這段時期，大腦就會無情地汰弱留強，它不會先徵求你的同意，就把那些微弱的突觸除掉！

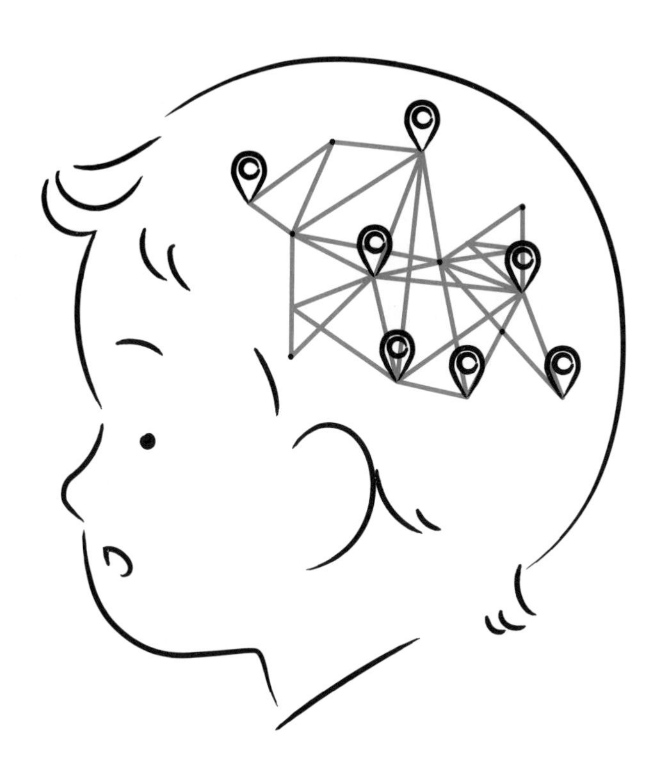

2. 接收外界刺激的感覺器官

眼、耳、口、鼻、皮膚都是人體的感覺器官，人就是靠這些感官來認識這個世界。

嬰兒離開母體，開始接觸這個多姿多彩的世界。這是一個學習和感受的過程。嬰兒用他的感官，眼看各種事物，耳聽各樣聲音，舌嚐各樣味道，鼻嗅各種氣味，皮膚感受冷和熱、軟和硬、糙和滑、乾和濕……剛出生的嬰兒就像一張白紙，用感官來接收外界的訊息，用感官在這張白紙上塗上絢麗的色彩。

嬰兒不懂行走，不會說話，所有生活小節都需要成人照顧。家長希望孩子健康聰明地成長，除了要照料幼兒的起居需要外，還要讓幼兒多接觸外界的訊息，促進他們的感官發展，刺激腦部突觸的生長。

青蛙居於井下，所接觸到的只有井口般大的世界。鳥兒飛翔於無邊海天之間，馬兒馳騁於廣闊草原之上，比起井底之蛙，鳥兒和馬兒自然「見多識廣」。因此，嬰兒出生後，多跟他說話、唱歌、講故事，多讓他看不同形狀和顏色的東西，多讓他觸摸不同質料的物體，多讓他處身於不同環境之中，這些都能刺激孩子腦部發育，幫助他「增廣見聞」。

好奇心是人類與生俱來的特性。有了好奇心，人類才能不斷求知和探索，一步一步地走向進步和文明。幼兒天生對周遭的事物充滿好奇心，在安全的情況下，放膽讓他們去觸摸、感受、觀察、嘗試吧！孩子不斷從環境中探索，學習更多事情，累積更多經驗，促進愈來愈多的突觸把腦細胞連接起來。這些突觸的密度，就是孩子長大後的「智慧」了。

3. 讓孩子九歲之前學會閱讀 (Learn to read)

孩子出生後，一邊發育長大，一邊學習求知。走路、說話、生活上的種種技能，都是透過不斷學習和不斷進步學會。其中閱讀這種能力，更是得來不易。

孩子在正常的環境中生活，就算沒有人教他説話，他都可以從聆聽和摹倣中自然學會説話。但如果沒有人教他閱讀，孩子是不會自然學會閱讀的。原來，人的大腦中並沒有專門負責閱讀的部門。當一個人閱讀時，大腦中多個單位會合作起來，共同努力來完成閱讀這項任務。既然情況如此複雜，閱讀就必須經過重複訓練才能習得。

教孩子閱讀，愈早愈好。機會錯過了，大腦中各個單位就不容易主動就位、熟練合作，孩子閱讀起來就有困難了。零至九歲，是孩子發展閱讀能力的第一階段，也是培養閱讀興趣至關重要的時期。如果孩子自小能養成閱讀習慣，愛上閱讀，再配合閱讀策略的訓練，孩子將來就能成為一個自主、獨立的閱讀者，從閱讀中得到快樂，從閱讀中學到知識。

既然閱讀需要學習，那麼由誰來教導孩子閱讀呢？這就是家長和老師的責任了。家長買一本書回來，如果隨手交給幼兒，然後撒手不管，這本書最後只會變成一堆被撕破、被抓皺的廢紙。因此，買書事小，伴讀事大。

孩子必須在成人的陪伴和引導下，才能學會閱讀。有成人的引導和互動，孩子閱讀時，刺激大腦多個區域，同時學習説話能力、語文能力、觀察能力、聯想能力和創造能力！還有一樣非常重要的，就是透過親子閱讀，兩代互相交談、溝通和聆聽，建立和諧親密、無所不談的親子關係。

閱讀和識字有着非常密切的關係。這個時期，成人教孩子閱讀，同時也教孩子識字。三歲前的幼兒，開始認識書本，學會翻書，並有能力個別地識字。三至六歲的幼兒，已經可以有系統地大量識字。大量識字之後，自然就能流暢地閱讀了。

4. 九歲後的孩子透過閱讀來學習 (Read to learn)

九歲至十三歲，是孩子開展閱讀能力的第二階段。這個時期的孩子，已經能夠流暢地閱讀，並且能透過閱讀來學習其他知識。閱讀可以提升語文能力，可以培養邏輯思考。有了這兩種能力，就可以發展成為一個自主的學習者了。

閱讀還有一樣重要功能，就是豐富我們的生活經驗。一般人的生活都是平平淡淡，沒什麼波瀾起伏。我們生活上沒有遇到過的事情，卻可以透過閱讀，讓我們像親歷其境般，學會如何解決問題，增強解難能力。

例如「司馬光砸缸」的故事，大家都耳熟能詳。司馬光跟一群小伙伴玩耍，其中一個小伙伴不小心掉進一個盛滿水的水缸裏。小孩子力氣小，無力把他拉出水缸，眼看小伙伴就要溺斃，大家都嚇得不知所措。七歲的司馬光毅然拿起一塊大石頭砸破水缸，讓水流出，救出那個差點溺死的小孩。

看到別人遇溺，我們總是想把遇溺的人從水中拉出來。但反過來想，讓水離開那遇溺者也是一個辦法呀！這個故事看似簡單，卻啟發我們可以用不同方式來解決問題。

閱讀是語文輸入和積累知識的過程，輸入愈多，積累愈豐，日後要應用時，例如寫作或解難，就更得心應手。像我們把錢存入銀行，存款愈多 (輸入)，要取用 (輸出) 的時候就愈加輕鬆。

5. 青少年的閱讀階段

孩子漸漸長大，由幼稚園、小學踏入中學，由兒童長成少年。由於學習和生活的需要，這個階段的青少年多以功能性閱讀為主，即因應不同的需要，閱讀不同類型的材料。例如他們需要學習科學，就會閱讀有關科學的書籍和文章；他們需要使用電器用品，就會閱讀相關的説明書；他們需要旅行遠足，就會閱讀目的地的資料和地圖。

孩子踏入青少年期，他們閱讀的內容漸趨多樣，觀點也漸趨多元。到長大成人後，他們的獨立思考能力已經成熟，需要更專門和更深入的知識，這時他們會謹慎選擇閱讀材料，並有能力進行「批判式閱讀」，重視邏輯思維，能多角度地思考和分析問題。

兒童閱讀能力與認知發展

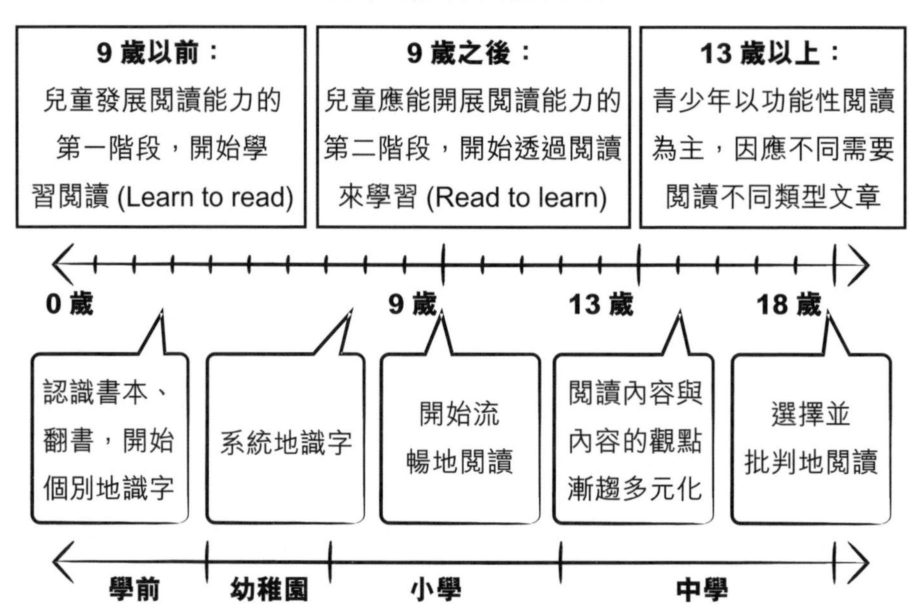

乙部

全球學生閱讀能力進展研究 (PIRLS) 的啟示

第三章
提升孩子的閱讀能力到世界前列不是一個夢

家長疼愛孩子，生活上的照顧無微不至。然而，要一個孩子全面和快樂地成長，有三項要素絕不能忽略：注意孩子的健康和安全，培育孩子的良好品格，培養孩子的閱讀興趣。

今天的家長都明白閱讀對孩子成長十分重要，但我們要弄清楚，家長重視閱讀並不是要孩子與眾不同，成為天才，而是希望透過閱讀來啟發孩子的潛能，增強語文能力和分析能力，奠定日後學習的基礎。何況，閱讀是良好的愛好，無需伙伴的陪同，無需特定的場地，不限年齡，不限體質，花費不多，卻樂趣無窮。一個愛閱讀的人，他的人生是不會沉悶的。

零至六歲是孩子腦部發育的重要階段，同時也是培養孩子閱讀興趣和能力的黃金時期。究竟孩子的閱讀能力發展會受到什麼外在因素影響呢？作為家長和教育人員，怎樣才可以提升孩子的閱讀能力呢？有沒有一個權威性的科學研究，全面探討孩子的閱讀情況，向社會作出改善的建議呢？

自 2001 年起，香港參加了一項國際性的調查——「全球學生閱讀能力進展研究」，比較全球多個地區小學四年級學童的閱讀成績。這項研究除了全方位地探討孩子的閱讀能力、閱讀興趣和閱讀態度外，更重要的是，它能夠科學地告訴我們，哪些因素直接影響孩子的閱讀成績；如果要把孩子的閱讀能力提升到世界前列，我們又可以怎樣做。

1. 簡介「全球學生閱讀能力進展研究 (PIRLS)」

全球學生閱讀能力進展研究 (Progress in International Reading Literacy Study，以下簡稱 PIRLS)，由國際教育成績評估協會 (International Association for the Evaluation of Educational Achievement) 主辦，是一項評估全球小學四年級學生的閱讀能力標準、閱讀行為及閱讀態度的對比研究。自 2001 年起，每五年舉辦一次，至今已經舉辦了四次。2016 年，全球共有五十個國家或地區參加研究，香港是其中一個。

香港區的研究，由香港政府教育局委託香港大學中文教育研究中心，謝錫金教授領導的團隊進行。研究的目的，一方面了解香港小學生的閱讀能力，與全球同齡學生的比較；另一方面，幫助香港教育人員、學校和社會大眾檢視香港小學生的閱讀能力發展，以及影響的因素。

研究團隊在全港學校，以分層隨機抽樣系統抽選參與小學，再從參與學校小四級別中隨機選出至少一班學生參加測試。接受測試的學生，每人需要作答兩份中文閱讀理解試卷。測試的試卷，一份為資訊類文章(例如説明、指引、數據和圖表等)，一份為文藝類文章(例如故事、詩歌和寓言等)。

除了測試的試卷外，研究還包括調查問卷。接受測試的學生、學生家長、學生的中文老師、校長均被邀請回答問卷。問卷的目的，是希望全面了解閱讀態度、家庭環境、學校環境及教學方法等因素，對香港小學生中文閱讀能力的影響。

2016 年，參與研究的包括全港 139 所小學，3533 名學生，3499 名家長，159 名任教參與班級的中文科教師，138 名校長。參與的學生中，女生佔 48%，男生佔 52%。

研究團隊在完成測試和問卷調查後，着手分析有關數據，並把結果與前三次，即 2001 年、2006 年、2011 年的結果作出比較。

以下就讓我們透過這個權威的研究結果，全面了解香港學生、家長和學校關於閱讀的情況，從而得到一些啟示，幫助家長、學校提升孩子的閱讀能力。

2. 香港學生的閱讀成績

a. 全球排名和得分

PIRLS 2016 中，全球排名第一的是俄羅斯，得分為 581。新加坡緊隨其後，得分為 576。香港成績位列第三，得分為 569。

香港小四學生的閱讀成績得分和全球排名：

研究年份	得分	全球排名
2016	569	3
2011	571	1
2006	564	2
2001	528	14

全球學生閱讀成績的平均分為 500，香港小四學生的閱讀成績達到 569 分，成績理想，但比起 2011 年的首位排名，成績卻輕微下調。

在過去三次的研究中，香港學生的成績都十分出色，穩居全球三甲之內。這反映了學校、教師、家長、教育當局都為提升學生的閱讀能力付出不少努力。

b. 資訊類和文藝類文章的閱讀能力

香港小四學生的資訊閱讀能力一向比文藝閱讀能力高，這反映了香港作為智慧城市的特點。

香港小四學生資訊類和文藝類文章的閱讀能力得分：

研究年份	資訊類文章得分	文藝類文章得分
2016	576	562
2011	578	565
2006	570	559
2001	537	520

比起 2011 年，香港學生的成績有輕微下調，但比起 2006 及 2001 年，香港學生的成績還是顯著提高了。

c. 低層次和高層次閱讀能力

閱讀能力層次有高有低。高層次的閱讀能力，是指「評價與綜合能力」；而低層次閱讀能力，就是指「尋找資料與簡單推論能力」。

香港小四學生高層次和低層次閱讀能力得分：

研究年份	高層次閱讀能力得分	低層次閱讀能力得分
2016	568	568
2011	578	562
2006	566	561
2001	530	525

比起 2011 年，香港學生的高層次閱讀能力顯著下調，低層次閱讀能力則輕微上升。

d. 女生和男生的閱讀成績

男生和女生的思想成熟程度先後不同，這情形也反映在閱讀成績上。小四女生的閱讀成績比同齡的男生為佳。

香港小四女生和男生閱讀能力得分：

研究年份	女生得分	男生得分	兩者得分差距
2016	573	564	9
2011	579	563	16
2006	569	559	10
2001	537	519	18

PIRLS 2016 中，國際男女生平均差距為 19 分，香港的男女生閱讀成績差距只有 9 分，兩者成績相對接近。

比起 2011 年，香港學生在 2016 年中的閱讀成績差距收窄，原因是男生的閱讀成績保持，而女生的閱讀成績卻下降了 6 分。

雖說男女生的閱讀成績差距收窄，但兩者的差距還是一直存在。今天的大學，女生人數長期比男生為多。社會應該關注這種情況，減少男女生閱讀水平的差距。

e. 閱讀者的不同水平

PIRLS 把閱讀能力定出了四項國際基準等級 (international benchmark):

— 優秀國際基準，學生成績達到 625 分。
— 高等國際基準，學生成績達到 550 分。
— 中等國際基準，學生成績達到 475 分。
— 低等國際基準，學生成績達到 400 分。

學生的閱讀成績低於中等國際基準，即 475 分或以下，屬於低水平閱讀者。學生成績達優秀國際基準，即 625 分或以上的，就屬於閱讀尖子生。

不同水平的閱讀者：

研究年份	達優秀國際基準學生百分率	達高等國際基準學生百分率	達中等國際基準學生百分率	達低等國際基準學生百分率
2016	18%	65%	93%	99%
2011	18%	67%	93%	99%
2006	15%	62%	92%	99%
2001	6%	26%	64%	92%

香港的學生，閱讀能力達到國際基準的比例很高；另一方面，閱讀能力低的學生比例較少。相對於其他國家或地區，香港學生的個別差異並沒有那麼懸殊。

2001 年，香港的尖子生只有 6%，五年後尖子生比例已大幅提升，説明學校的語文和閱讀教育是成功的。學生在適當的指導下，閱讀能力突飛猛進，也説明學生具可塑性，經過培訓，閱讀能力可以大大提高。不過，自 2011 年尖子生的比例達到 18% 的高峰後，尖子生的比例已經沒有增加。所謂不進則退，情況值得我們關注。

男女閱讀尖子生：

研究年份	達優秀國際基準的女生比例	達高等國際基準的男生比例
2016	20%	17%
2011	21%	15%
2006	16%	14%
2001	6%	3%

香港學生的閱讀尖子比例保持穩定，但其中男尖子生的比例增加，女尖子生的比例卻輕微下跌。

3. 香港學生的閱讀狀況

PIRLS 告訴我們，18% 的香港學生成績達到優秀國際基準級別，亦即閱讀水平達到世界前列。那麼，究竟是哪些因素影響學生的閱讀成績？PIRLS 針對學生、家長、教師和校長做的閱讀問卷調查，就給了我們答案。

如果你想孩子的閱讀成績也達到世界前列，請先花一點時間，完成下面各個問卷，用 PIRLS 縝密、客觀和科學的方法，了解一下你的孩子和你的家庭現在的閱讀狀況。

下列問卷中，有  圖案的由孩子作答，

有  圖案請家長作答。

(如果你的孩子就讀小二或更低年級，孩子填寫問卷部分可以從略。但這部份還是可以讓家長更了解 PIRLS，更了解香港孩子的閱讀情況。)

a. 孩子的閱讀興趣

你對閱讀有甚麼看法？

請說出你對以下各項的同意程度。(孩子回答)

	十分同意	少許同意	少許不同意	十分不同意
a. 我喜歡和別人談論我閱讀過的東西				

	十分同意	少許同意	少許不同意	十分不同意
b. 如果有人送書給我作為禮物，我會很高興				
c. 我覺得閱讀不沉悶				
d. 我希望有更多時間看書				
e. 我享受閱讀				
f. 我從閱讀中學會很多東西				
g. 我喜歡閱讀一些啟發思考的東西				
h. 當我閱讀到能引發我想像的書本時，便會感到很高興				

如果孩子多選「十分同意」，表示他的閱讀興趣濃厚。孩子多選「少許同意」，表示他的閱讀興趣一般。孩子多選後面兩項，表示他的閱讀興趣淡薄。

你相隔多久，
便會在學校以外的地方做以下的事情？(孩子回答)

	每天或幾乎每天	每星期一至兩次	每月一至兩次	甚少或從不
a. 為了樂趣而閱讀				
b. 因為想學會一些東西而閱讀				

如果孩子選「每天或幾乎每天」，表示他的閱讀興趣濃厚。孩子選「每星期一至兩次」，表示他的閱讀興趣一般。孩子選後面兩項，表示他的閱讀興趣薄弱。

PIRLS 告訴我們，孩子的閱讀興趣愈濃厚，閱讀成績愈好，而且差距頗大。然而，香港的孩子對閱讀有濃厚興趣的只有 36%，情況並不理想。

學生的閱讀興趣	閱讀成績平均得分	佔學生人數比率
興趣濃厚	583	36%
興趣一般	567	44%
興趣薄弱	549	21%

你的孩子閱讀興趣濃厚嗎？

b. 孩子的閱讀信心

你的閱讀能力高嗎？
請說出你對以下各項的同意程度。（孩子回答）

	十分同意	少許同意	少許不同意	十分不同意
a. 我的閱讀表現一向很好				
b. 閱讀對我來說很容易				

	十分同意	少許同意	少許不同意	十分不同意
c. 故事中的艱深字詞，沒有妨礙我明白故事的內容				
d. 和許多同學比較，閱讀對我來説沒有太大困難				
e. 和其他科目比較，閱讀對我來説沒有太大困難				
f. 我擅長閱讀				

如果孩子多選「十分同意」，表示他對自己的閱讀能力具有信心。孩子多選「少許同意」，表示他對自己的閱讀能力有一點信心。孩子多選後面兩項，表示他對自己的閱讀能力沒有信心。

PIRLS 告訴我們，孩子對自己的閱讀能力信心愈大，閱讀成績愈好，而且差別顯著。然而，對自己閱讀有信心的香港孩子只有 36%，情況並不理想。

學生的閱讀信心	閱讀成績平均得分	佔學生人數比率
對自己有信心	596	36%
對自己有一點信心	568	38%
對自己沒有信心	534	26%

你的孩子對自己的閱讀能力有信心嗎？

c. 孩子對閱讀的投入程度

以下是學校裏有關閱讀的描述，
請說出你對閱讀課堂下列各項的同意程度。(孩子回答)

	十分同意	少許同意	少許不同意	十分不同意
a. 我喜歡在校內閱讀的東西				
b. 老師給我閱讀的東西很有趣				
c. 我明白老師想我做甚麼				
d. 老師的話容易明白				
e. 我對老師的説話感興趣				
f. 有關我閱讀過的東西，老師鼓勵我說出我的想法				
g. 老師讓我展示我學習了甚麼				
h. 老師用了各式各樣的方法幫助我們學習				
i. 當我有錯誤的時候，老師會告訴我怎樣做較好				

如果孩子多選「十分同意」，表示他對閱讀課堂積極投入。孩子多選「少許同意」，表示他對閱讀課堂尚算投入。孩子多選後面兩項，表示他對閱讀課堂並不投入。

PIRLS 告訴我們，孩子對閱讀課堂的投入程度愈高，閱讀成績愈好。然而，香港學生對課堂積極投入的只有 34%，情況並不理想。

學生對閱讀課堂的投入度	閱讀成績平均得分	佔學生人數比率
積極投入	574	34%
算投入	572	52%
並不投入	548	14%

你的孩子對閱讀課堂積極投入嗎？

顯而易見，綜合以上三項重要的指標，即「閱讀興趣」、「閱讀信心」和「對閱讀課堂的投入」，學生的表現愈好，他們的閱讀成績也愈好。在 PIRLS 2016 的研究中，香港學生的閱讀表現名列第三，表現不俗；但如果把以上三項閱讀指標跟其他參與的國家或地區比較，香港的排名並不理想，其中一項更是位居榜末。

閱讀指標	香港學生的排名
閱讀興趣	33/50 (☹)
閱讀信心	41/50 (☹☹)
對閱讀課堂的投入	50/50 (☹☹☹)

閱讀，應該是一件自願而又愉快的事情。香港學生雖然閱讀成績不錯，但似乎並不享受閱讀，也不投入閱讀。對孩子來說，如果閱讀只是一項無可避免的苦差，那麼，閱讀將不可能長久持續，更遑論養成習慣了。

看來，學校和家長仍需努力，推廣閱讀文化，尤其要培養學生的閱讀興趣和對語文課堂的投入感。要提升孩子的閱讀成績到世界前列，就要以不同的途徑培養孩子的積極閱讀態度。

d. 提升孩子閱讀能力的策略

當你在課堂內閱讀一些中文文章或圖書時，
你相隔多久便會做以下的事情？(孩子回答)

	每天或幾乎每天	每星期一至兩次	每個月一至兩次	沒有或幾乎沒有
a. 閱讀前，我會決定我要學些甚麼				
b. 閱讀前，我會上網搜集與閱讀材料相關的資料				
c. 閱讀前，我會預計用多少時間完成				
d. 閱讀前我會想想用甚麼方法去閱讀				
e. 閱讀時我會停一停，問自己明不明白所讀的內容				
f. 閱讀時遇到困難，我會找方法去解決				
g. 閱讀時我會時常停下來總結所讀過的段落				
h. 閱讀時寫筆記，記下重點				
i. 閱讀時或閱讀後我有時會運用圖表(如腦圖、時間線)，以幫助理解和記憶				
j. 閱讀後，我會檢視是否達到我想學習的東西				

	每天或幾乎每天	每星期一至兩次	每個月一至兩次	沒有或幾乎沒有
k. 閱讀後我會想想自己用了甚麼方法解決不明白的地方				
l. 閱讀後我會想想有哪些好方法幫助我解決閱讀困難				

以上各項，是可以提升孩子閱讀能力的策略，教師和家長應鼓勵孩子多做，這對提升閱讀能力大有幫助。

e. 孩子花在閱讀上的時間

今天，很多孩子除了正常的學校課程外，還參加了不少課外興趣班或補習班。尤其在週末和長假期，更是忙得不可開交。不少家長認為，讓孩子學習十八般武藝，如果樣樣皆能，就可以增加孩子的競爭能力，不會輸在起跑線上。

本來，培養孩子的興趣實屬無可厚非，但是孩子年紀尚小，他們除了要應付繁重的學校作業外，還必須要有充足的時間休息，更要有充足的時間玩耍。不少職場達人因工作繁忙而睡眠不足，缺乏運動，影響健康；疲於奔命地參加多項興趣班的孩子又何嘗不是？

人人都需要空間，包括孩子。如果孩子的日常時間表排得滿滿的，他除了知道「累」外，恐怕感受不到學習的樂趣。給孩子自由的時間，看喜歡看的書，玩喜歡玩的遊戲，發展他真正的興趣，才是對孩子最好的！

在平日上學的日子，
你每天花多少時間在學校以外的地方閱讀？(孩子回答)

30 分鐘以下	30 分鐘至 1 小時	1 至 2 小時	2 小時或以上

每天在學校以外，花愈多時間閱讀的孩子，閱讀成績愈好。

你的孩子有足夠的時間閱讀嗎？如果他的回答是「有」，那好得很！但是，如果他的答案是「沒有」，那家長就要找出是什麼原因導致孩子如此「忙碌」了。

為什麼孩子會忙得連閱讀的時間都沒有？ PIRLS 問卷中，列出多項最常見原因。請家長重視孩子的看法，了解孩子的感受，然後好好地跟孩子溝通，健康地、平衡地、妥善地為孩子安排好作息的時間。

你沒有足夠時間閱讀，是因為：(孩子回答)

	十分同意	少許同意	少許不同意	十分不同意
a. 校內課外活動太多				
b. 父母為我安排的課外活動太多				
c. 功課太多				
d. 默書的次數太多				
e. 測驗的次數太多				
f. 花太多課餘時間補習				
g. 家裏的應酬太多 (例如：外出吃飯、親友間的活動)				

	十分同意	少許同意	少許不同意	十分不同意
h. 父母不鼓勵課外閱讀				
i. 花太多時間練習「全港性系統評估」				
j. 花太多時間上網或玩電子遊戲				
k. 花太多時間看電視或看影碟				
f. 孩子的閱讀習慣				

習慣，是一種持之以恒的行為。如果孩子已經養成閱讀習慣，那麼，他就會視閱讀為生活中的一部分。究竟怎樣的閱讀習慣和怎樣的閱讀頻率，最能提升孩子的閱讀能力呢？

以下的事情，
相隔多久便會在學校進行？（孩子回答）

	每天或幾乎每天	每星期一至兩次	每個月一至兩次	甚少或從不
a. 我自己安靜地閱讀				
b. 我自己選擇讀物來閱讀				
c. 我的老師要我們在班上談論閱讀過的東西				

你相隔多久便會到學校圖書館或公共圖書館借閱圖書（包括電子書）？（孩子回答）

每星期至少一次	每個月一至兩次	每年幾次	甚少或從不

你相隔多久，便會到書店或書城購買書籍（不包括購買課本、文具或玩具）？（孩子回答）

每星期至少一次	每個月一至兩次	每年幾次	甚少或從不

你相隔多久便會閱讀所購的書籍？（孩子回答）

每星期至少一次	每個月一至兩次	每年幾次	甚少或從不

孩子閱讀的時間愈多，閱讀成績自然愈好。看完孩子填的問卷，家長應該了解孩子的閱讀情況了。你的孩子的閱讀情況令你滿意嗎？請參考 PIRLS 的研究結果，幫助及鼓勵孩子做得更好。

4. 香港家庭的閱讀狀況

父母是孩子的榜樣，也是孩子依賴的對象。父母栽培孩子，盡心盡力。父母的行為和態度，對孩子的成長有巨大的影響。

要孩子有高水平的閱讀能力，往往取決於家庭的閱讀氛圍。請填好以下各表，先了解自己家庭的閱讀狀況，然後再根據 PIRLS 科學化的研究結果，看看這對孩子有什麼影響。

a. 家庭閱讀活動

貴子弟就讀小學前，你或家中其他人相隔多久，便會和他 / 她進行以下的活動？（家長回答）

	經常	有時	沒有或幾乎沒有
a. 看書			
b. 說故事			
c. 唱歌			
d. 玩部件玩具（例如：部件積木或卡片，如日＋月＝明，「日」和「月」便是部件）			
e. 談論你小時候曾做的事			
f. 談論你曾閱讀的東西			

	經常	有時	沒有或幾乎沒有
g. 玩文字遊戲			
h. 寫字或詞語			
i. 讀出招牌或標籤			

PIRLS 告訴我們，家長在孩子入讀小學前，常跟孩子進行家庭語文活動，對孩子將來的閱讀能力有很正面的影響。孩子在入學前愈多進行這些活動，閱讀成績愈高。這現象在參與研究的國家和地區中，無一例外。

家庭語文活動頻率	家庭所佔百分比	學生閱讀成績
經常進行（高頻）	13%	580
有時進行（中頻）	81%	568
沒有或幾乎沒有進行（低頻）	6%	568

怎樣的家庭屬於高頻？怎樣的家庭屬於中頻？怎樣的家庭屬於低頻？以下就是 PIRLS 中區分的標準：

— 高頻家庭：家長會在最少五項活動裏回應「經常」，及在其餘四項活動裏回應「有時」。

— 低頻家庭：家長會在最少五項活動裏回應「沒有或幾乎沒有」，及在其餘四項活動裏回應「有時」。

— 中頻家庭：其他選擇的家庭則屬於這個組別。

近年，重視學前家庭語文活動的香港家庭有所增加。跟 2011 年比較，香港的家庭在九項語文活動中，有六項活動的頻率增加。然而，香港還是只有 13% 屬高頻家庭，比起國際平均水平 39%，香港的家長顯然做得不夠。

你的孩子上小學前，你有經常跟他進行家庭語文活動嗎？按以上標準，你的家庭屬於哪個頻率組別呢？

b. 家長的閱讀興趣

下列事項與閱讀有關，請指出你對它們的同意程度。（家長回答）

	十分同意	少許同意	少許不同意	十分不同意
a. 我時常閱讀				
b. 我喜歡和別人談論所閱讀的東西				
c. 我喜歡利用空餘時間閱讀				
d. 閱讀在我家是一項重要的活動				
e. 我希望能有更多時間閱讀				
f. 我享受閱讀				
g. 閱讀是我的其中一項興趣				

如果你多選「十分同意」，表示你對閱讀興趣頗高。你多選「少許同意」，表示你的閱讀興趣一般。你多選後面兩項，表示你的閱讀興趣淡漠。

在家的時候，你相隔多久便為了樂趣而閱讀？（家長回答）

每天或幾乎每天	每星期一至兩次	每月一至兩次	甚少或沒有

家長花愈多時間為了樂趣而閱讀，表示他的閱讀興趣愈高。

PIRLS 告訴我們，家長的閱讀興趣較高，他們的子女閱讀成績顯著較好。

家長的閱讀興趣	家長人數比率	其子女閱讀成績平均得分
興趣頗高	17%	580
興趣一般	61%	569
興趣淡薄	22%	568

請再看看下表：

家長的閱讀興趣	國際水平的比率	香港的比率
興趣頗高	32%	17%
興趣一般	51%	61%
興趣淡薄	17%	22%

PIRLS 結果顯示，表示有興趣閱讀的家長比率只有 17%，比例遠低於國際水平的 32%。看來，香港家長的閱讀興趣實在偏低，難怪在全球五十個國家地區中排名四十三，情況極不理想。

家長自己的閱讀興趣低下，很容易影響到孩子的閱讀興趣也高不起來。你自己對閱讀感興趣嗎？

c. 家長的閱讀時間

一般而言，你一星期通常花多少時間在家中為了自己而閱讀？包括閱讀書本、雜誌、報紙和工作資料（不論是印刷版或是數碼媒體）。（家長回答）

一星期 少於 1 小時	一星期 1 至 5 小時	一星期 6 至 10 小時	一星期 多於 10 小時

家長願意花時間為自己閱讀，對孩子培養閱讀興趣有正面影響。

d. 家中書籍和兒童書籍藏書量

你家中大約有多少本書？

（不計算電子書、雜誌、報紙和兒童書籍）（家長回答）

0-10 本	11-25 本	26-100 本	101-200 本	200 本以上

你家中大約有多少本兒童書籍？

（不包括兒童電子書、雜誌和學校的課本）（家長回答）

0-10 本	11-25 本	26-50 本	51-100 本	100 本以上

家中藏書量較多的家庭，不論是成年人閱讀的書籍，或是兒童書籍，他們的孩子閱讀成績都較佳，並顯著地高於家中沒有藏書的家庭。由此看來，家中的書香，對提升孩子的閱讀能力很有幫助。可是，香港部分家庭藏書量很少，甚至沒有藏書。

家中擁有兒童藏書，對培養孩子的閱讀能力，比擁有一般藏書更有幫助。可惜，香港家庭的兒童書籍藏書量不算多，但比起 2011 年，數量已見增加。

家中兒童書籍藏書量	學生閱讀成績平均得分	佔家庭數量比率
100 本以上	579	21%
26-100 本	568	74%
0-25 本	553	5%

e. 家中數碼裝置數量

你有沒有閱讀電子書的裝置（如電子閱讀器、平板電腦或電腦）？（家長回答）

有	沒有

你的孩子有沒有閱讀電子書的裝置？（家長回答）

有	沒有

你家中有多少部數碼裝置？包括電腦、平板電腦、智能手機、智能電視和電子閱讀器。（不包括其他裝置。）（家長回答）

沒有	1-3 部	4-6 部	7-10 部	10 部以上

今天是數碼時代，絕大部分的家庭都擁有 4-6 部數碼裝置。

家中數碼裝置數量	學生閱讀成績平均得分	佔家庭數量比率
7 部以上	577	13%
4-6 部	569	87%
3 部以下	-	1%

f. 家長對孩子的期望

你期望子女可以完成哪個程度的學歷？（家長回答）

初中畢業	中學（中六）	IVE 證書等（中五畢業後修讀）	高級證書、文憑（如教育文憑）或副學士	大學畢業（學士）	碩士或博士

家長對子女教育水平的期望，與學生閱讀能力成正比。無論家長自己的教育背景或家庭收入如何，他們對子女的學業期望，都對學生的閱讀能力發展，具有重要的影響。

g. 家庭的社經狀況

不少人都認為，家庭的經濟條件，會影響孩子的閱讀能力。一個經濟條件豐裕的家庭，能夠給孩子較多的資源，孩子的閱讀能力自然比較好。但是，PIRLS 告訴我們，家庭經濟條件跟孩子的閱讀能力，並沒有太大的關係。

請看看 PIRLS 2016 的研究結果：

家庭收入 (港元計)	學生閱讀成績平均得分
收入最低組別 (低於 $7000)	568
收入最高組別 ($63,000 以上)	572

原來，家庭背景和家庭社經狀況，對學生閱讀能力的影響，十分輕微。這應該歸功於香港社會，因為香港的學校能有效地為學生提供公平的教育機會，學校和公共圖書館又能提供豐富的閱讀資源，即使家庭環境一般的學生，仍有機會掌握良好的語文能力和閱讀能力。

綜觀以上各項，什麼因素最能影響孩子的閱讀成績？家庭的經濟條件並不是主因，反而家長對閱讀的態度才深深影響着孩子。你自己重視閱讀嗎？你有經常跟孩子進行家庭閱讀活動嗎？你自己有經常閱讀嗎？你是為興趣而閱讀嗎？你有讓孩子看到你閱讀嗎？你的孩子有接觸兒童書籍的機會嗎？

看完 PIRLS 的結果，相信家長都知道，怎樣的條件最能幫助提升孩子的閱讀成績到世界前列了。

5. 補習對閱讀成績的影響

本學年你有課餘補習嗎？（不包括其他興趣班）(孩子回答)

有	沒有

若果答有，本學年你的補習方式是？(孩子回答)

	中文	英文	數學	全科
a. 私人家中補習 (每星期補習 ______ 小時)				
b. 校外補習班 (每星期補習 ______ 小時)				
c. 校內補習班 (每星期補習 ______ 小時)				
d. 其他 (請說明 ________) (每星期補習 ______ 小時)				

香港的學生補習成風。很多家長都在孩子課餘的時候，為孩子聘請補習老師或送孩子到補習中心。PIRLS 2016 告訴我們，超過六成的學生有參與補習，人數比起 2011 年更多。即使收入最低 (每月收入不高於港元 $7000) 的家庭，也有近六成的學生表示，曾經在課後接受不同形式或不同科目的補習。

香港的學生花在補習上的時間不少，但 PIRLS 告訴我們，參加課餘補習的學生，閱讀成績反而不及沒有參加補習的學生。這説明了課餘補習對提升孩子的閱讀能力並無幫助。

你的孩子每星期花了多少時間在課餘補習上？請細心想想這是必須的嗎？

6. 怎樣的家長能幫助孩子提升閱讀能力？

一次又一次的科學研究告訴我們，家庭因素對孩子的閱讀成績影響至巨。如果家庭重視閱讀，尤其是學前的閱讀，孩子上學後，他的閱讀成績也比較出眾。為了更方便家長閱讀，下面就簡要和具體地把影響孩子閱讀成績的事項一一列出：

1. 孩子入讀小學前，家長經常跟孩子進行與閱讀有關的活動，例如看書、講故事、玩部件和文字遊戲、寫字或字詞、讀出周圍環境中的招牌和標籤等，對孩子的閱讀成績有正面的影響。閱讀活動做得愈多，孩子的閱讀成績愈好。

2. 家長花較多時間在家裏閱讀，孩子的閱讀成績較高。

3. 家長的閱讀態度，對孩子的閱讀水平影響很大。如果家長經常為興趣而閱讀，孩子都會重視閱讀。家長沒有時間閱讀，孩子的閱讀量也少。因此，除了培養孩子的閱讀興趣外，家長也可以同時培養自己的閱讀興趣，例如參加家長閱讀講座、親子閱讀培訓班等。

4. 家長愉快的閱讀經驗，也會讓孩子認識到閱讀的樂趣，從而享受閱讀，愛上閱讀。因此，家長宜營造愉快的家庭閱讀氣氛，為孩子建立喜愛閱讀的榜樣。

5. 家中藏書量較多，孩子的閱讀能力較佳，並且差異顯著。

6. 擁有電腦、互聯網連接和自己的書本的孩子，閱讀能力較沒有以上物品的孩子為佳。

7. 家庭的社經地位對孩子的閱讀成績影響輕微。只要好好利用社會提供的資源，孩子一樣可以獲得閱讀佳績。

8. 課餘補習對孩子的閱讀成績並沒有幫助，因此，家長應該注意補習的效果，讓孩子有更多的時間閱讀。

以上各項中，哪些你已經做得不錯？哪些你覺得做得不足呢？每個家庭的狀況都不相同，要每個家庭都滿足上述所有條件並不現實。但千里之行，始於足下，如果你希望孩子喜歡閱讀，有良好的閱讀能力，那麼，在可行的情況下，請嘗試踏出改變的第一步，盡量為孩子創造有利閱讀的條件。早做比遲做好，遲做又比不做好！

7. 香港學校的閱讀課程和教學

學校，是除了家庭之外，與孩子關係最密切的地方。PIRLS 除了研究孩子和家長的閱讀狀況外，還邀請學校的校長和中文科教師填寫問卷，再經研究員收集和分析有關數據，從而了解學校在閱讀課程和閱讀教學的情況，並作出適切的建議。為了讓大家全面了解香港學生的閱讀情況，現將 PIRLS 在學校閱讀課程和教學方面的研究所得，扼要地列舉出來。

a. 閱讀教學法

閱讀課堂上，教師當然希望學生能享受閱讀，能投入到閱讀課堂中去。然而，僅有三分之一的學生 (34%) 表示對閱讀課堂積極投入，有 14% 的學生更表示並不投入。對閱讀課堂積極投入的學生比率，國際平均水平是 60%，比起國際平均水平，香港學生對閱讀課堂明顯不夠投入。

有什麼方法讓學生上閱讀課時更加積極投入呢？看來，學校需要進一步協助語文和負責推廣閱讀的教師，讓課堂變得有趣和具有挑戰性。如果學生覺得上課有趣，自然能夠投入到課堂之中。

b. 閱讀課的材料

目前，教科書 (有時連同工作紙) 仍是課堂上主要的閱讀材料。雖然教師在閱讀課使用電腦軟件或網上材料作為閱讀教材的比率有所上升，然而，根據 PIRLS 的研究結果顯示，在閱讀課堂使用資訊及通訊科技教學和學生的閱讀成績並無很明顯的關係。

學校如果發展校本的語文和閱讀課程，對學生的閱讀成績有正面影響，他們的閱讀成績也能提高。因此，教育當局和高等院校可以加強對教師的專業發展培訓，尤其是跨學科閱讀、語文和閱讀的電子學習、自主學習等範疇，讓更多教師可以針對學生的需要，提升學與教的質素。

c. 電腦輔助教學

現在，電腦教學已經相當普遍。35% 的教師表示閱讀課堂中有使用電腦，他們的學生成績為 572 分。課堂中沒有運用電腦輔助教學的，其學生成績為 566 分。雖然兩者差距不算很大，但電腦輔助教學還是有一定的提升作用。

教師運用電腦與學生進行閱讀教學活動方面的情況，請參看以下附表：

教師教導學生內容	教師人數比率
運用電腦搜尋資訊，每月至少一次	76%
閱讀故事或其他文章，每月至少一次	83%
發展閱讀策略，每月至少一次	54%
寫作故事或其他文章，每月至少一次	44%

電腦是很方便的輔助教學工具。學校如果能加強教師的支援，運用電腦幫助學生學習高層次閱讀，應有助提升學生的閱讀成績。

語文課堂上，使用資訊和通訊科技的情況日漸普及，但學習的內容才是至關重要的。電子學習如何與語文科，尤其閱讀教學結合，包括開發優質教材、創新教學法和發展評估等方面，仍需要各界合作，深入研究，以進一步提升電子教學的成效。

d. 授課語言

普通話是中國的官方語言。但在香港，大多數人使用的都是粵語，粵語才是香港最通用的語言。然而，近年香港出現一個現象，就是不少學校改用普通話作為中國語文科授課語言，簡稱「普教中」，採用「普教中」的學校數量這幾年間顯著增多。

為什麼學校會使用普通話作為中國語文科的授課語言呢？香港特區政府要求香港學生應該能掌握兩文三語。兩文是中文和英文，三語就是英語、粵語和普通話了。為了落實措施，幫助學生掌握普通話，學校開設普通話科，更有學校實行「普教中」，用普通話來教授中國語文。

大部分香港人都同意要學好普通話。普通話是中國全國的溝通語言，同時亦是全球很多人希望學習的第二語言。香港學生將來升學、就業或畢業後在中國經商，都需要使用普通話，普通話的使用範圍實在很廣。但「以普通話作為教學語言，教授中國語文科」，能否有效提升學生的中文水平就值得商榷。

香港一向以粵語作為中文科的教學語言，學生的中文閱讀成績也非常出色。根據 2006 年「全球學生閱讀能力進展研究」(PIRLS)，香港九歲學生在全球四十多個國家中成績排第二，而以國語作為教學語言的台灣，排名在香港之後。在 2011 年的同一研究，香港的排名第一，全球成績最好。中學方面，在 2009 年，香港十五歲學生參加了「學生能力國際評估計劃」(PISA)，全球排名第四，在 2012 年排

名第二。可見香港中、小學生在「粵教中」的政策下，閱讀成績表現非常出色。所以，「粵語教中文」完全沒有問題。

亦有人説，用「粵語教中文」，學生不能「我手寫我口」。但上述國際研究的成績，卻反映香港學生的中文能力很好。為什麼？是因為許多學生大量閱讀，他們能説中文的「雅言」。「雅言」貼近書面語，對寫作很有幫助。其實只要學生能大量閱讀優質的書籍，就能達到「我手寫我口」，「普教中」和「粵教中」都有同樣效果。

學習方面，在初小階段用「普教中」，孩子花費很多時間學習拼音符號、普通話語音、朗讀等。中文科的學習由此偏重了語音的學習，用在深層次閱讀理解的學習時間較少，影響了閱讀能力的全面發展。

另一方面，根據 2011 年香港人口普查的資料，九成香港市民的慣用語是廣東話，整個社會都是用廣東話為主。所以，一個小孩子，如果他的廣東話不流利，他和朋友、同輩的親屬談話會減少，這會限制他的社交圈子，影響他的社交生活，甚至影響他説話的信心。

學習普通話，不一定要以「教學語言」的沉浸方式進行，還有其他有效的學習模式。事實上，普通話和廣東話的詞彙當然有地方差異，文法差異並非那麼大。學習普通話最大的問題在於語音。最好的學習方法是大量聆聽電台的普通話節目，觀看普通話電影和電視節目，用普通話交談等。用大量時間在課堂內以普通話朗誦書面語的課文，並不是有效學習普通話溝通的方法。

總的來說，有效的「普教中」，需要配合學生的語文能力和家庭語言。孩子應先學好他們的家庭語言和掌握二千五百個漢字，待他們有一定的語言基礎，在四年級時，才開始進行「普教中」，這樣會更為有效。同時，希望給家長有充足的時間學習普通話，讓他們可輔導和支援孩子用普通話學習。否則，有些家長未能說流利的普通話，未有充足的家庭支援下進行「普教中」，就等於把說粵語的家長從孩子的學習中割離。現時急於推行 「普教中」，反而得不償失。

e. 推動多元化閱讀活動

PIRLS 告訴我們，學校推動多元化的閱讀活動，能有效提升學生閱讀成績。這些多元化的閱讀活動包括：在中文課以外另設閱讀課；設立晨讀或午讀時間；成立讀書會；組織家長協助推動閱讀，例如「故事媽媽」；設立跨學科的閱讀課程等等。

學校推動學生閱讀，家長也鼓勵孩子閱讀。如果學校和家長既能各自努力，又能相互配合，共同為提升孩子的閱讀能力而努力，最受益的，肯定是我們的一眾孩子了。

第四章 PIRLS 帶給社會的啟發

二十一世紀是個知識高度發達的年代。社會日新月異，人自然也要與時並進。因此，具備終身學習的能力是社會對人的基本要求。終身學習的前提，就是學會閱讀，從閱讀中獲取各種各樣的知識。而語文教育的一項重要任務，就是保證學生具有這種能終身學習的閱讀能力。

這些年來，香港學生的閱讀能力都穩居世界前列。不過，無論在學校或是家庭，還是有不少可進步的空間。PIRLS 的研究員總結出一些經驗，也提出一些建議，給學校和家長參考。

1. 發展學生的閱讀能力

a. 均衡發展

香港學生在資訊類閱讀方面的成績，明顯比文藝類閱讀的成績佳。可能香港是一個現代化的城市，孩子自小就接觸和閱讀很多說明性的文字，因此掌握信息的能力比較強。不過，文藝類閱讀可以培養孩子的想像力，提高閱讀的趣味，所以應該兩者並重，幫助孩子均衡發展這兩項閱讀能力。

閱讀材料五花八門，題材多樣。如果要提升孩子文藝類閱讀的能力，建議教師和家長鼓勵孩子多閱讀想像類的篇章，拓展孩子閱讀圖書的範圍和類別，並指導孩子相應的閱讀策略。

b. 普及發展

比起其他地區，香港學生的閱讀成績比較平均，沒有其他地區那麼懸殊。

香港的閱讀尖子生佔 18%，比起新加坡有 29% 學生是閱讀尖子相差頗遠，但香港學生成績兩極化也不嚴重。香港優秀尖子不算很多 (比起國際標準的 10% 還是很不錯的)，但成績極差的學生同樣也不多，反映了香港的普及教育有成效。

要進一步提高學生的閱讀成績，可以「拔尖」和「補底」，但「拔尖」並不等如精英教育。精英教育是把高比例的資源，投放在小部分學生身上。這群學生成績絕優，但大部分學生成績卻低下，這種資源分配對弱勢社群不公，對社會也弊多於利。今天，社會已進入知識型時代，要求社會成員具有起碼的追求知識的能力，因此，普及教育是必須的，普及閱讀能力也是必須的。

2. 減少男女生閱讀水平的差距

國際上存在一個普遍的現象，就是小學女生的閱讀能力比同齡的男生佳。雖然香港學生兩者的差距僅為9分，遠低於國際平均的19分，但究竟是什麼原因造成男女閱讀成績的差別，還是值得我們探討的。

為什麼小學階段的女生閱讀能力明顯優於男生？研究分析可歸納為以下幾點：

男生對閱讀的態度、動機和對閱讀本身的看法，直接影響到他們的閱讀水平。

男生女生學習風格不同。男生在早期學習階段，喜歡走動，不容易長期坐着專注學習。

男生喜歡的閱讀材料，包括漫畫、英雄故事、動作、科技等，而不是學校常選用的文藝性質較重的文章與小説。

男生和女生大腦結構不同，導致男女生有不同的學習方式。女生多注重細節，通常要從很多實例得出普遍性的結論。男生學習時會利用更多空間，且比女生缺乏耐性，容易厭倦，難以集中精神。

閱讀能力的性別差異，既有其社會原因，也有其生理原因。可是，一直以來，學校制度並沒有照顧男生早期成長的需要，導致男生語文水平低落，閱讀動機薄弱等現象。

這不是孩子本身的問題，而是學校、教師和家長應該分析和檢討的事情。大家有沒有認真想過：

學校和家長有沒有為男生和女生選擇不同的閱讀材料？

學校設計教學方法是否分別照顧到男、女生的不同學習風格？

學校是否營造了適合男、女生閱讀的環境氛圍？

男女有別，希望各方面共同努力，找出可行的方法，幫助男生提高閱讀能力，縮窄男生和女生在閱讀表現上的差距，避免男生長期處於不公平發展的狀態。

3. 營造家庭閱讀環境

大量研究指出，家庭閱讀環境對孩子早期語文能力發展影響巨大。怎樣才是良好的家庭閱讀環境？抽象來說，就是成人愛閱讀，孩子愛閱讀，整個家庭瀰漫着喜愛閱讀的和諧氣息。

一個愛閱讀的家庭，具體的表現包括：

— 孩子經常閱讀。
— 父母能鼓勵和引導孩子閱讀。
— 家中有充足的圖書供孩子閱讀。
— 家中有成年人的閱讀材料，包括圖書、報紙和雜誌等。
— 孩子有足夠的閱讀空間和機會。
— 孩子可以看到父母閱讀。
— 孩子有機會去圖書館檢索圖書。
— 父母經常帶孩子外出。
— 父母有積極的閱讀態度。
— 父母和孩子經常聊天。

連續三次的 PIRLS 結果，香港學生的閱讀表現都位列世界三甲之內，但是香港的家長並未能為子女提供一個良好的閱讀環境，在建立家庭閱讀文化方面表現非常一般。希望香港家長能夠參考下列各項，為孩子建造一個和諧美好的愛閱讀家庭。

a. 給孩子樹立榜樣

通常，家長閱讀態度佳，孩子的閱讀成績會明顯地好。怎樣才是閱讀態度佳的家長？大家可以通過以下幾方面來評估：

— 家長閱讀的原因，是出於被動的需要還是主動的願望？
— 家長是否喜歡和別人談論書籍？
— 家長是否喜歡在空餘時間閱讀？
— 閱讀是否成為家庭的一項重要活動？

如果家長對以上幾項表現積極，那麼他就是閱讀態度佳的家長了！家長以身作則，樂於閱讀，才能薰陶孩子，使孩子也成為一個喜愛閱讀和自主閱讀的人。

b. 運用家庭閱讀資源

社會愈進步，人的競爭就愈激烈。很多家長都盡己所能地為孩子付出，安排這樣安排那樣，學習這樣學習那樣，不能讓孩子輸在起跑線上。就算不能順利跑出，也不要比別人落後太多！

家長都願意為孩子投放資源和精力。可是，不少家長認為自己已經付出很多了，孩子的學習卻不見進步，勞心勞力也「勞氣」。所以，如何為孩子選擇和投入資源，是家長需要學習的功課。

究竟投入什麼樣的家庭資源，才能有效提高孩子的閱讀能力呢？

說到資源，有形的是金錢，無形的是時間和耐心。對孩子來說，有時無形資源比有形資源更具價值，更有效果。家長都願意為孩子花錢，但錢要花得其所，閱讀能力不是一蹴而就的事情，沒有課程可以短時間提升孩子的閱讀能力。孩子需要透過閱讀來學習閱讀，閱讀能力是長時間積累的結果。

要有效地培養孩子的閱讀興趣，培養孩子的閱讀能力，需要讓孩子感到家長支持閱讀，重視閱讀。以下各項都是很有效的方法：

— 經常帶孩子到圖書館去。
— 閱讀時跟孩子一起寫下筆記和閱讀心得。
— 家中有一定的兒童圖書，數量不必很多，書本也不必很貴，但這代表了家庭對閱讀的支持。
— 要讓孩子有足夠的閱讀量。如果家中兒童圖書數量不多，家長可以鼓勵孩子善用公共圖書館的資源，或者和朋友同學交換圖書來閱讀。
— 最好讓孩子擁有自己的書櫃，讓孩子自行選取自己喜歡的書籍。
— 盡可能為孩子安排他自己的書桌，讓他自己擁有閱讀和做功課的空間。
— 為子女提供一個良好的閱讀環境，起碼周圍是安靜的，光線是充足的，座椅是舒適的。

c. 選擇閱讀材料

今天是數碼時代，閱讀材料的形式早已不局限於「書本」；找尋讀物的途徑也比以前方便很多。閱讀材料分門別類，包羅萬有，且不難獲得。孩子小的時候，依靠家長為他選書，但隨着孩子日漸長大，家長的一項重要任務，就是給孩子適當的引導，讓他們學會選擇自己喜歡和需要的讀物。

孩子的年齡可分心理年齡和身體年齡。閱讀之初，兩者的年齡通常是匹配的，但「日子有功」，隨着閱讀頻率和閱讀量的增加，心理年齡或會超越身體年齡，即三歲的孩子可能看懂適合六七歲兒童閱讀的讀物。這時，讓孩子自己選書，才可以選對適合孩子興趣和年齡的書籍。何況，同一個故事可以有很多理解的層次，例如《灰姑娘》，第一個層次是故事的內容，第二個層次就是「妒忌」和「人際關係」等主題。就算是同一讀物，不同年齡的孩子讀來，體會也不會一樣。

除了「書本」外，日常生活中也有大量的閱讀材料，例如路牌、店鋪招牌、告示、電視節目的字幕等等。除此之外，博物館、科學館、太空館等，都常設和特設很多高水平的展覽。參觀展覽，既可豐富家長和孩子的知識，也是一家大小極佳的消閒活動。家長可以善用這些社會資源，帶孩子前往，並隨時閱讀有關説明文字，幫助孩子積累知識和詞彙。

與生活經驗結合是最有效的學習方法。家長可以從日常的閱讀材料中找出孩子的心理詞彙，進行識字教育，提高孩子的詞彙量，再透過多樣化的閱讀，來提高孩子的閱讀能力。

d. 多元化的閱讀活動

對孩子來説，有聲音、有動作的畫面肯定比靜態的書本吸引，所以很多孩子都喜歡看電視和網上的影片，這是十分正常的事情。只要有所節制，適可而止，收看的又是內容健康的影片，家長無需強硬干預。不過，孩子除了看動態的影像外，也需要閱讀靜態的書本，所以家長可以想想辦法，把孩子從影像引導回書本之中。

家長可以根據孩子喜歡收看的電視節目和電影，找來相應的書籍讓孩子對照閱讀，指導他們將電視內容與原著書本作比較，以訓練他們的高層次思維閱讀能力，並提高閱讀的趣味性。

此外，朗讀和分享閱讀也是一項十分有效的閱讀活動。朗讀能擴展孩子的詞彙量，孩子吸收了大量書面語，日後寫作時可以避免口語入文的情況。朗讀對發展兒童的閱讀能力很有幫助，即使對年齡較大的孩子也相當有用。

分享閱讀可以讓孩子把故事內容結合自己的生活經驗，表達自己的個人感受。年齡稍大的孩子，更可以對故事進行判斷和評論。家長可以保持開放態度，跟孩子討論與故事有關的話題。

能夠經常快樂地參與閱讀活動的家庭，孩子的閱讀能力表現明顯較佳。傳統文化比較看重長輩權威，父母和子女較少親密和平等地相處，這種現象今天雖然已經大有改善，但香港的家長，尤其是父親，還需繼續努力，多陪伴孩子進行親子閱讀，建立親密無間的親子關係。

e. 家庭閱讀文化

要把行為培養成習慣，需要長期進行。因此，要幫助孩子建立閱讀習慣，家長就應該每天都跟孩子一起，進行親子閱讀，讓閱讀成為家中的一種文化。一般來說，媽媽照顧孩子的時間較多，跟孩子進行親子閱讀的機會也較多，但身為父親者，實在應該「不甘後人」，多參與親子閱讀，加強親子溝通，為孩子樹立正面榜樣。

「睡前閱讀」是一項能提高孩子閱讀量的好方法。讓孩子在睡前半小時，平靜地聽故事和讀故事，每天進行，成為習慣。別小看這半小時的效用，孩子多聽故事，就能掌握更多詞彙，提高閱讀和理解能力。到孩子上學後，他往往在學習上會有較佳的表現，從而得到成就感，成為一個喜歡上學、樂於學習的孩子。

4. 學校閱讀課程和教學

香港是一個知識型社會，具有一定的閱讀能力可說是對學生的基本要求。因此，香港學校明顯比從前重視閱讀課程。香港學生在連續三次的 PIRLS 研究中都獲得佳績，反映學校和教師在發展學生閱讀能力方面，已經進步不小。

不過，進步空間是永遠存在的。學校和教師還可以在以下各方面更加努力，幫助學生進一步提高閱讀能力，建設更理想的校園。

a. 建立校內閱讀風氣

香港大部分學校都設有圖書館，但教師教學任務繁重，是否有時間帶領學生到圖書館去，或者給學生留出時間到圖書館借書？

學校重視閱讀，家長也重視閱讀。學校資源有限，可以邀請有心的家長幫忙，協助推行校內的閱讀，解決資源不足的問題。

為了加強校園的閱讀風氣，建立一個閱讀校園，學校可以考慮：

— 請家長協助老師為學生分組，並帶領小組閱讀。
— 請家長到圖書館幫忙，整理書籍。
— 呼籲家長捐出圖書。
— 組織故事媽媽主持讀書會。

家校緊密合作，學校可以得到家長的支持，解決財力、人力和環境資源不足的問題；家長通過親身參與，感覺自己的付出能夠為學校帶來積極的變化，可以增加對學校的感情和歸屬感，實屬一舉兩得。

閱讀風氣是一種愉快的氛圍。閱讀是快樂的，但把閱讀作為家課卻是一件十分沉悶的事情。學校鼓勵學生閱讀，但千萬不要通過習作或閱讀報告，把閱讀變成一種加在學生身上的壓力。

b. 多元閱讀

教科書是學校最為依賴的閱讀教材。教科書的優勢，是版面設計專業，輔助教材開發完善。不過，教科書也有其缺點，它不是校本的設計，不能提供直接而真實的語文經驗，不容易根據實際情況隨時更新。

要解決這個問題，教師可發展跨學科的閱讀課，運用多元化的閱讀材料，例如小説、故事書、報章、期刊、雜誌和網上教材等，擴闊學生的閱讀層面。

c. 照顧學生的閱讀差異

閱讀能力好的學生，他的閱讀能力會愈來愈好；閱讀能力差的學生，他的閱讀能力只會愈來愈差。因此，當一個學生的閱讀能力開始落後時，如果不及時補救，該學生將永遠不會自行趕上，只會永遠落在隊伍之後。

香港不少教師對落後的學生都採取「觀望」態度，觀望他們的表現會不會隨年齡成長而逐漸改善。可是，學生的閱讀能力是不會自然發展出來的，如果對學生之間的差異不及時處理，差異只會愈來愈大。

解決學生個別差異的方法很直接，就是及早發現，診斷問題，設法補救。不過，我們要先弄清楚學生究竟是閱讀困難，還是閱讀障礙，因為兩者是不同的兩個概念。

學習時會遇到困難的學生約有 20%-30%，但只有不多於 5% 的人口比例患有閱讀障礙。閱讀困難泛指因社會條件或學習條件不良造成的閱讀上的問題，而閱讀障礙則是一種非關失聰、低智商或不良社會條件的先天性學習障礙。大部分患有閱讀障礙的孩子，如果能及早發現，經過適當的輔導，閱讀能力是可以得到發展的。

所謂「對症下藥」，教師先要清楚區別閱讀困難和閱讀障礙的學生，才能有效地幫助他們。因此，社會應該增加資源，幫助教師識別學生學習的問題，然後及早處理，提供支援。

其實，除了閱讀困難或閱讀障礙的學生，每個學生之間都存在或多或少的閱讀差異，因為每個學生都是一個獨立的閱讀立體，並有着不同的家庭背景和個人生活體驗。就算他們閱讀同一材料，也會產生不同的理解和體會。

另外，閱讀本來就是一項非常個性化的活動，每個孩子都有不同的閱讀習慣，有自己偏好的學習方法，也有獨特的閱讀喜好。教師照顧學生的閱讀差異，需要從多方面考慮，例如提供多樣化的閱讀材料；採取靈活多樣的教學方法；設計多種不同的閱讀任務；滿足不同閱讀能力學生的學習需要，以及多種評估方式等。

5. 提升學生的閱讀態度、習慣和信心

香港學生的閱讀能力位於世界三甲之內，但他們對自己閱讀能力的肯定程度卻在較後位置，這反映了香港學生的自我形象低落，閱讀態度不夠正面。

a. 重視為樂趣而閱讀

快樂的經驗是一種動力，推動我們繼續參與，「樂此不疲」就是這個意思。閱讀也是一樣，快樂的閱讀經驗決定學生會否繼續樂於閱讀。如果閱讀的目的過於側重實用性，學生未必能從中培養出對閱讀的興趣來。

一個沒有自發閱讀動力的學生，他不會經常閱讀。就算因為某種原因而閱讀時，他也不會深入思考，用心分析，閱讀的廣度和深度都會受到限制，閱讀能力自然受到影響，最後甚至影響學業。因此，實用性、功能性的閱讀要有，消閒性、娛樂性的閱讀也應受到重視。

b. 外因鼓勵

部份家長為了鼓勵孩子多閱讀，往往會用物質獎賞的方法。當孩子閱讀了一定數量的書本，就會得到一定的物質獎勵，實行「多讀多獎」、「長讀長獎」。但我們不贊成以純粹的物質，尤其是與閱讀無關的物質來刺激孩子的閱讀興趣，因為閱讀本身就是一項有趣的活動，我們應該讓孩子感受到閱讀帶來的樂趣，從而使他們主動閱讀，愛上閱讀。

如果家長想對孩子的閱讀行為表示讚賞，最好是選擇與閱讀有關的事物，例如買一本新書給孩子作為獎品，或者通過其他途徑，讓孩子認識與所讀圖書有關的東西，如看相關的電影，到書中介紹的地方實地參觀遊覽等。這種獎勵的另一好處，就是讓家長也了解子女閱讀的內容，為親子交流提供良好機會。

c. 經常分享

多跟孩子交流，分享他們的閱讀心得和感想，也是幫助孩子建立正面態度的好辦法。不過，分享要在愉悦的氣氛下，以輕鬆的形式進行，千萬不要給孩子帶來壓力。

在孩子學習認字的階段，很多家長都想方設法幫助孩子鞏固從書本上學到的生字。但是，催迫不是辦法，愉快學習才更奏效。家長可以指導孩子設計詞彙冊，讓孩子在紙上寫下學到的詞彙，或畫下圖畫，或從報章雜誌上剪下相應的圖片貼上。這是一項有趣的親子活動，也是一個有效學習的過程。

另外，家長還可以鼓勵孩子跟朋友交換圖書閱讀，甚至可以組織一群孩子一起看書，建立一個讀書的群體。

6. 避免無效的課外閱讀輔導

無論是小學生還是中學生，香港學生在課餘參加補習或輔導班的比率超過一半。家長為孩子報讀補習班或輔導班的原因相當複雜，有的是為了應付日常功課，有的是為了在考試中獲取佳績，也有部份家長出於從眾心理，看到別人送孩子到輔導班，自己也送孩子到輔導班。

根據 PIRLS 的研究結果，課外輔導無助提高學生的閱讀能力。接受輔導的學生，閱讀能力反而不及沒有接受輔導的學生。我們雖然不能就此抹殺輔導班的所有作用，但如果想提高孩子的閱讀能力，送孩子到輔導班顯然不是上策。

孩子閱讀能力低下的原因很多，可能是家庭支援不足，也可能來自教學方式、學校環境，或者孩子自身學習動機薄弱。每個孩子的特點和需要都是不同的，沒有一個萬全之策能幫助到所有孩子，所以家長應該先了解孩子的閱讀能力發展情況，分析哪方面的輔導才是孩子最需要的，別把時間和金錢浪費在沒有效用的輔導上。

7. 適當使用網絡

智能電話和電腦在香港非常普及，孩子小小年紀，就會上網瀏覽，上網聊天，玩電子遊戲，收發電郵和短訊。不少家長擔心孩子會沉迷上網，或花太多時間上網而忽略正常活動，這樣既影響健康，也影響學業。不過，與其在孩子沉迷後才來粗暴制止干預，不如及早引導孩子，教他學會合理分配上網和使用電腦的時間。

今天，電腦是重要的學習工具，互聯網是重要的信息來源。學生使用電腦，上網瀏覽，是生活和學習上必要的事情。研究顯示，那些能夠適當使用電腦的學生，閱讀成績反而較佳。

電腦能讓我們快速地檢索和獲取信息，能提供不同類型的閱讀材料，能提供娛樂也能幫助學習，只要適當利用，益處良多。

丙部

親子閱讀

第五章 零至三歲的親子閱讀

PIRLS 結果顯示，孩子上小學之前，多跟孩子進行家庭閱讀活動，對孩子長大後的閱讀能力有正面而且顯著的影響。因此，如果你想幫助孩子提升閱讀能力到世界前列，親子閱讀是不可或缺的。

不同年齡段的孩子有不同的特點，以下的篇章，就以三年為一階段，因應孩子的特性，探討在日常生活中，如何有趣、可行、具體地進行親子閱讀活動。

1. 胎兒期的閱讀

胎兒在母親的肚子中，已經可以聽到外面的聲音。家長經常給胎兒讀故事，跟胎兒説話，可以讓孩子熟悉父母的聲音，同時也是孩子語言輸入的第一步。

胎兒在母體中，除了聽到聲音外，還可以感受到説話的節奏和語調。噪音令人煩厭，嚴重影響人的情緒和聽覺，母親和胎兒都不會喜歡在嘈吵的環境中生活。因此，母親在懷孕期間，宜營造寧靜的生活環境，保持語言談吐溫柔優雅，讓胎兒在母體內，也感受到家庭和諧的氣氛。

2. 學習聆聽和說話

a. 刺激各個感官發展

學習是人類的本能，好奇是人類的天性。嬰兒出生後，生活上所有事物對他來說都是陌生的，需要透過感官來認識這個世界。五六個月大的嬰兒，視線已經可以跟隨物件移動。經過聆聽和學習，八個月大的幼兒，已經懂得用動作回應成人的指示，同時也會「牙牙學語」，努力地模仿成人發出聲音。

前面說過，這個階段是幼兒腦部發展的關鍵時期。家長宜多給幼兒顏色鮮艷、不同形狀和質料的玩具，多用溫柔的語調和清晰的發音跟幼兒說話和講故事，這樣做可以同時刺激幼兒各個感官，促進其腦部發展。

別以為幼兒還沒學會認字就不懂閱讀。幼兒雖然不懂閱讀文字，但他卻會「閱讀」人們的表情、動作、語氣，甚至心情。成人的說話、動作、身體語言，都是幼兒學習和模仿的對象。因此，家長對幼兒說話的時候，同時要注意語氣、表情、手勢和眼神，和藹的面容和溫柔的語調，才能給幼兒帶來愉悅和安全感。

b. 讓孩子聆聽，也讓孩子說話

幼兒幾個月大，開始牙牙學語，起初只發出「巴巴」、「打打」等沒意義的聲音。到了一歲左右，幼兒就可以發出有意義的疊字，例如「媽媽」、「爸爸」等。

幼兒必須先聆聽，明白別人說話的意思，才能學會自己說話。家長多跟孩子說話，多用不同的詞彙，都能促進幼兒的語言發展。一歲以前的幼兒，家長可用動作配合，對幼兒作出簡單的指示，讓幼兒從動作中明白說話的意思，例如「拍手」、「再見」等。這樣可以讓幼兒學會大量生活上的詞彙。這些詞彙就是幼兒學習母語，發展說話能力的基礎。

跟孩子說話時，請讓孩子看到你的臉，讓孩子知道你是在跟他說話。說話的句子要簡明，內容要清楚，語氣要肯定，語調要輕柔。家長要孩子聆聽你的說話，同時也要給孩子練習說話的機會，並對孩子的說話積極地作出回應。就算幼兒發出的只是「咿咿呀呀」等無意義的聲音，這也是他學習表達的第一步。家長溫柔的回應，會讓孩子感到喜悅，以後他才會樂於表達自己，喜歡跟你「聊天」。

c. 跟孩子說正面的言詞

做任何事情，信心都是成功的重要因素。如果孩子常聽到正面的言詞和稱讚的說話，他們就會更有信心表達自己。因此，不要吝嗇稱讚孩子，「好孩子」、「做得好」、「真乖」、「真聰明」等說話，這些都是鼓勵孩子向前進步的動力。

話雖如此，日常教導孩子時，難免要使用一些否定的字詞，如「不可以」、「不要」、等。在使用這些否定字詞時，也可以加上正面的言語。例如孩子亂擲餐具，母親可以跟孩子說：「餐具是用來吃飯的，不可以亂擲。聽媽媽的話，做個好孩子。」家長要清楚指出孩子錯在哪裏，如果孩子已經改過，別忘記給他適當的稱讚。

3. 生活環境中的閱讀

a. 認識生活詞彙，學習說話語法

幼兒約三個月大，家長已經可以指着生活中常常接觸到的物品，告訴孩子那物品的名稱，例如「杯」、「碟」、「毛巾」等，重複地告訴孩子，並讓他輕輕觸摸。初時，幼兒未必有什麼反應，但讓他多聽多接觸，他就會慢慢把詞彙和物件連繫起來。

幼兒到了九個月左右，家長就可以在生活詞彙上作出一些變化。例如幫孩子穿衣服時，告訴他這是「褲子」，然後再告訴他這是「藍褲子」，或者按褲子的長短告訴孩子這是「長褲子」，那是「短褲子」等。

幼兒到了一歲，已經可以辨認很多東西了。例如帶孩子上街，孩子會指着街上的汽車說「車車」。家長回應時，可以多說一點，例如

說：「對，這輛車是巴士。巴士後面的是的士。」這時期的孩子通常只會說單字單詞，還沒學會說完整的句子，但他已經可以明白成人整句說話的意思了。

到了兩歲左右，幼兒就可以用有限的詞彙和短句來表達自己的意思了。幼兒從牙牙學語到能用句子表達，需要不少日子。在這段期間，家長應多鼓勵孩子把不完整的句子慢慢發展成完整的句子。孩子會累積詞彙，模仿句式，愈說愈多，愈說愈完整。這時期的孩子，已經踏入語文學習的第一步了。

b. 從環境中大量認字

除了聆聽和說話外，幼兒也會在日常生活環境中接觸到不少文字和符號。這些文字和符號都可以是幼兒的閱讀材料，例如店鋪招牌、商品標誌、室內室外各種指示牌、車站的名稱、超級市場的分類牌、餐廳的菜單等等。

生活中的文字和符號俯拾皆是，隨處可見。家長可以就地取材，教孩子認識這些環境文字。家長指着文字多唸幾次，孩子自然慢慢明白聲音和文字的關係，把字形和字音對應起來。

c. 多問與多答

幼兒對周圍的事物都充滿好奇心。家長可以隨時隨地，引導孩子觀察周圍環境。例如帶孩子到公園玩耍時，可以問他：

「你在公園看見什麼呢？」

「公園裏的花真美麗，這些花是什麼顏色的？」

「那些小朋友在玩什麼呢？」

……

如果帶孩子到超級市場，那裏貨物分門別類，林林總總，可以問的問題就更多了。

家長問的問題，應避免「是不是」、「好不好」、「喜歡不喜歡」等是非題。因為對這些問題，孩子的答案也只會答「是」或「不是」、「好」或「不好」、「喜歡」或「不喜歡」。家長應鼓勵孩子回答得清楚一點，詳細一點，具體一點。孩子的語文能力，就是這樣從生活中點點滴滴地累積起來的。

4. 歌謠中閱讀

在幼兒學習閱讀圖書之前，可以讓幼兒多聽音樂、童謠、兒歌。幼兒聽着唱着富節奏感和容易上口的歌謠，配合身體動作，一邊玩耍，一邊學習。

a. 聆聽柔和的輕音樂

柔和的音樂能安定幼兒的情緒，讓幼兒感到安寧和舒服。孩子入睡前，家長可以給孩子哼唱節拍輕柔的催眠曲。孩子會在父母溫柔和熟悉的歌聲中，感到安全和被愛，愉快地進入夢鄉。在和諧的氣氛下，孩子特別容易喜歡上音樂，喜歡上歌詞。

b. 從身體動作中學習

很多童謠都是代代相傳，陪着一代又一代的孩子成長。例如《點蟲蟲》，就是一首代代相傳的傳統歌謠。「點蟲蟲，蟲蟲飛，飛去邊？飛去荔枝基。」相信大家對這首歌謠的內容都不會陌生。

家長唸「點蟲蟲」時，常把孩子的兩隻小食指按節拍輕碰，唸到「蟲蟲飛」時，就把孩子兩隻小手誇張地張開。這些好聽的童謠和好玩的動作，總能逗得孩子哈哈大笑。看到孩子開心的樣子，家長自然更加高興了。

到孩子長大一些，就可以跟孩子朗讀一些較為複雜的童謠。例如跟孩子邊唸邊玩《小明》，孩子一定十分高興。

「小明小明小小明，上上下下，左左右右，前前後後，火車捐山窿。」家長握着幼兒雙手，隨着歌詞或上或下，或左或右，或前或後地擺動，把孩子逗得笑逐顏開。幼兒做着動作，聽着歌詞，邊玩邊學，樂趣無窮。

除了握着幼兒的手，幫助他們擺動身體外，家長也可以站在孩子面前，邊唸邊做動作，讓孩子模仿。孩子跟隨父母，擺動身體，朗讀歌詞。這種從遊戲中學習的活動，既可靈活四肢，又可發展語言能力，更能促進親子關係，一舉多得。

c. 兒歌

兒歌節奏明快，輕鬆悦耳，押韻易記，琅琅上口。幼兒聽到好聽的兒歌，就算不太明白歌詞內容，也會跟着哼唱，記住歌詞。對幼兒來説，唱兒歌既是一種好玩的娛樂，也是一個學習語文的好方法。

5. 圖書閱讀

a. 書本也是玩具

很多孩子從出生開始，就跟玩具為伴。孩子的玩具五花八門，應有盡有。一般人都認為玩具是玩的，書卻是嚴肅的。但對孩子來説，書也可以是玩具的一種。

讓孩子喜歡看書的感覺，是培養孩子閱讀興趣的第一步。因此，市面上不少專門為零至三歲幼兒出版的圖書，採用不同的物料印製，把圖書變成又益智又好玩的玩具。例如硬卡書、布書、發聲書、立體書、觸覺書等等。

幼兒最初接觸書本，根本不知道書本為何物，也不知道如何對待它們。家長都會見過，幼兒拿着書本，或咬或撕，或抓或擲，總之就不是好好地翻看。家長應該耐心地向孩子示範如何翻書看書，讓孩子模仿。家長可以告訴孩子，圖書也希望大家好好愛護它，如果它被撕破了，會感到難過的。孩子一般都會停下來想想。在家長的教導下，孩子慢慢會知道看書的程序，也學會愛惜圖書。

b. 為幼兒選書

做任何事情，安全都是第一位。為孩子選擇玩具或圖書，安全都是首要考慮。為幼兒選書，要留意書的邊緣是否鋒利；印刷顏料是否安全無毒，不會脱色；留意書中有沒有容易脱落的小配件，以免幼兒誤服，造成危險。

無可否認，顏色鮮明的圖畫總比方方正正的漢字吸引。對成人如此，對不認得字的幼兒更是如此。因此幼兒看書，都是從圖畫開始，給幼兒看的書，都以圖畫為主，文字很少，甚至沒有文字。

給幼兒看的圖畫，要線條明顯，顏色鮮艷，造型清晰，形象可愛。圖書內容方面，要訊息正面，情節簡單，跟孩子的生活經驗有關。幼兒圖書中的主角，很多時都是小朋友或小動物，選擇這些圖書進行親子閱讀，孩子會更容易投入。

c. 開始愉快閱讀

幼兒在沒有學會看書前，根本不知道書是怎麼看的。家長可以把孩子抱在懷裏，讓他感到安全和溫暖。在成人和孩子都坐得舒適的情況下，開始引導孩子看書。

初時，家長可以指着書中的圖畫，用溫柔的聲線告訴孩子這是什麼。如果書中有文字的話，家長可以指着文字讀給孩子聽。孩子會知道，圖畫和文字都是指同一樣物件，漸漸就會明白文字和圖畫的關係。

接下來，就應該教幼兒看書的程序了。家長教孩子拿書的姿勢和方法，並從封面讀起，讀出書本的名稱、作者和繪者，然後講述封面的圖畫，找出故事的主角。書本是一頁一頁的，看書時家長可以讓幼兒一頁一頁地翻書，並告訴他書本有開始，有結尾；看書要一頁一頁地看下去，才可以知道整個故事要說什麼。

如果書中只有圖畫，家長可以邊説故事，邊請孩子指出書中的角色或事物。如果書中有文字，家長可以指着文字，清晰地讀給孩子聽，讓幼兒認識到閱讀文字是有方向性的，或是由左至右，或者是由上至下。

幼兒喜歡父母伴在身邊的感覺。在父母的陪伴下，孩子漸漸學會什麼是書，書中原來有這麼多有趣的故事，看書是一件多好玩的事情呀！幼兒對書產生好感，以後就能夠投入到廣闊的閱讀天地裏去。

6. 閱讀活動建議

a. 玩認字圖片卡

到玩具店逛逛，你會發現給幼兒玩的玩具五花八門，琳琅滿目，而且價錢不菲。其實，一盒便宜的幼兒認字圖片卡，也是一件非常好玩和益智的玩具。這些卡片上的圖畫都是鮮明清晰，配上容易辨認的特大字體，幼兒很容易就學會把圖中物件與字形對應起來，達到認知和認字的效果。

不過，認字卡跟圖書一樣，都需要家長的引導和陪伴，才能發揮其效用。家長先後指着圖畫和文字，教導孩子那是什麼，讓孩子跟你一起唸。如果幼兒已經從生活中認識那物件，家長就可以集中指着文字，重複而清楚地讀出字音，讓幼兒學習字形、字音、字義三者之間的關係。

認字卡是一件有趣的益智玩具，它的玩法靈活多變。以下提供幾種玩法供大家參考：

1. 把幾張卡片放在一起，家長讀出其中一張卡片上的文字，讓幼兒把正確的卡片選出來。

2. 把卡片覆轉，讓幼兒隨意翻開，並讀出卡片上的文字。

3. 把卡片覆轉，跟幼兒一起輪流翻開卡片，並由對方讀出文字來。我翻你讀，你翻我讀，增加遊戲的趣味。

4. 家長把卡片拿在手中，扇形排開，讓幼兒隨意抽出一張，然後讀出文字。

5. 準備一套純圖卡和一套純字卡，隨機分放兩邊。把圖卡覆轉，讓幼兒隨意抽出一張，然後再請他從另一邊找出對應的字卡來。如想增加遊戲的變化，可把字卡覆轉，圖卡正面向上；或者兩種卡都覆轉，同時訓練孩子的記憶力。當然，每次遊戲的圖卡和字卡數量不宜太多，並可按幼兒的程度增減調節。

認字卡的玩法變化多端，如果你想到其他更好玩的玩法，不妨跟孩子進行。請記住，稱讚是幼兒進步的動力，鼓勵是幼兒信心的泉源，如果孩子做到了，別忘了稱讚他；如果他一時做不到，就鼓勵他再次嘗試。

b. 講故事

幼兒聽到和學到的詞彙愈多，語言能力的發展就愈理想。不過，家長日常對幼兒的説話，通常只限於生活上的詞彙。如果家長想豐富幼兒其他範疇的詞彙，最好的方法就是用母語給幼兒講故事了。

不同的故事有不同的角色、不同的背景、不同的情節。各個角色又有不同的性格、不同的行為、不同的遭遇。即使幼兒在日常生活中未接觸過的事物和情境，故事中都有機會出現。因此給幼兒説故事，就是擴闊幼兒生活經驗的最好途徑，也是豐富幼兒詞彙的最有效方法。何況孩子天生就喜歡聽故事，只要家長願意投入地講，相信沒有孩子不願意聽。

c. 讀故事

講完故事後，家長還可以給幼兒朗讀故事。朗讀可以幫助幼兒建立文字的概念，認識文字和字音的對應關係，繼而開始學習認字。

朗讀故事時，家長指着朗讀的文字，不徐不疾，清楚地讀出一字一句。幼兒的視線或者仍被圖畫吸引，他聽着你讀的句子，小手卻指着書中的圖畫。家長這時無需心急，可以先把句子讀完。

例子：

「下雨了，小猴子快快跑回家去。」家長手指着書中的文字朗讀，孩子的手卻指着圖中狼狽奔跑的小猴子。

讀完整句或整段後，家長說：「今天天氣不好，下雨了。」當孩子的手指着書中所畫的雨點時，家長可以同時用手指着「下雨了」三個字，讓孩子知道文字和圖畫都可以表達相同的意思。

「下雨了，誰在跑呀？」家長問。孩子指着小猴子的圖，家長就指着「小猴子」三個字。

「小猴子要跑到哪裏去呀？」家長再問。孩子指着圖中遠處一所房子，家長就指着「回家去」三個字。最後，家長可以輕握孩子的小手，讓他跟你一起指着文字，把整個句子完整讀出來。

孩子學習新事物，都不是一學就會，而是要經過重複學習的過程。跟孩子讀過幾遍後，孩子對故事已有一定的認識。當讀到經常出現的字詞時，可以停下來讓孩子試讀。如果孩子讀對了，請不要忘記給他稱讚。這時，家長可以跟孩子約定：「後面再出現這兩個字時，就由你來讀，好嗎？」當孩子從朗讀中得到成功感，他就有興趣繼續讀下去了。

d. 聽歌和唱歌

音樂能陶冶性情，能放鬆緊張的情緒，讓人覺得愉快輕鬆。一個常聽音樂長大的孩子，跟一個在喧鬧嘈雜聲中長大的孩子，性格上的發展可以差距很大。

兒歌是專門為兒童而創作的歌曲，無論曲調或歌詞，都適合兒童誦唱。按兒童文學分類，兒歌屬於幼兒的啟蒙文學。兒歌的歌詞既有趣又生活化，帶給孩子豐富的常識，加上兒歌節奏輕快，韻律感強，幼兒很容易就記住歌詞的文字讀音。

幼兒唱歌時會很自然地跟着音樂擺動身體，覺得這是一件好玩有趣的事情。因此，除了閱讀圖書外，家長宜多跟幼兒一起聽兒歌和唱兒歌。誦唱兒歌時，又可以配合內容做動作，讓聽歌和唱歌都成為快樂好玩的家庭活動。

7. 讓閱讀成為生活中的一部分

a. 持續閱讀

閱讀絕對是一生一世的事情。跟幼兒一起做的閱讀活動必須持續，幼兒才能愛上閱讀，養成這個讓他受用一生的良好習慣。

所有孩子都喜歡父母陪伴，喜歡跟父母一起玩，一起進行各種各樣的活動。因此，父母的伴讀和引導，能夠讓孩子喜歡閱讀並持續下去。當孩子認識到閱讀是有趣和有吸引力的，他就會樂意和自動自覺地閱讀了。

b. 設定親子閱讀時間

要把閱讀建立成習慣，最好把親子閱讀設定為每天都做的活動。如果你重視閱讀，請不要輕易更改或取消。要知道一曝十寒、虎頭蛇尾都不利於幫助孩子養成習慣。

每天的親子閱讀時間最好不少於三十分鐘。幼兒的專注力有限，未必可以連續三十分鐘專注於閱讀，家長可以因應孩子的實際情況靈活處理，調節閱讀時間的長短，例如把三十分鐘平均分為兩或三節，相隔數小時進行一次。

c. 家長投入參與

如果要為「親子閱讀活動」選取重要的關鍵詞，「投入」和「專心」肯定是不二之選。

親子閱讀是互動的，家長投入，孩子才會投入；家長專心，孩子才會專心。因此，跟孩子進行閱讀活動時，請暫時放下其他的事務，專心而投入地跟孩子一起閱讀。家長往往是孩子模仿的對象，請為孩子樹立一個專心和認真閱讀的榜樣，不要讓孩子覺得閱讀活動可有可無，閱讀過程敷衍了事。

投入的家長，講故事和讀故事時都會注入感情，表情豐富，聲調高低抑揚。你的投入參與，能吸引孩子也投入到故事中去，渴望知道故事的發展。孩子喜歡聽你講故事，覺得有趣好玩，已經是成功的開始了。

d. 幼兒讀得開心

年幼的孩子專注力有限，孩子愈年幼專注的時間愈短。就算孩子很喜歡看書和聽故事，如果孩子覺得疲倦或不想聽下去，家長也不必勉強，讓孩子先休息一下，或者去做其他事情，玩其他遊戲。

進行親子閱讀，不管是家長或幼兒，都應該是輕鬆和愉快的，強迫只會令幼兒討厭閱讀，效果適得其反。

由於孩子的專注力有限，家長給幼兒講的故事篇幅不宜太長，情節不宜太複雜。故事簡潔，句子簡單，孩子聽來更易理解，更能集中，有利學習。另外，家長講故事時，可以配合圖畫和小道具，再加上身體動作，表情語氣，說得繪形繪聲，令故事變得更動聽，令閱讀變得更好玩。

請記住，親子閱讀不只是生活中的一部分，更是生活中歡樂的一部分。

e. 幼兒常見的閱讀現象

很多家長都有以下的經驗，幼兒喜歡重複聽一個故事。縱使這個故事已經說過多遍，孩子都已經滾瓜爛熟，他還是要求家長一說再說。

遇到這種情況，家長無需擔心，從情感上來說，幼兒喜歡這個故事，才會要求一聽再聽。而且，熟悉的事物讓幼兒有安全感和親切感，幼兒喜歡幻想自己成為故事中某一個角色，享受其中的樂趣。從科學上來說，閱讀是需要大腦中不同部位共同完成的活動。幼兒每一次閱讀，大腦都建構更多的腦神經細胞連結，理解更多內容，引發更多知識。到幼兒把故事理解透徹，自然就會放下這本，轉讀其他圖書了。

8. 你會這樣做嗎？

a. 你有經常稱讚和鼓勵你的孩子嗎？

人經過努力去完成一件事情，不管這件事情是大是小，如果能得到別人的認同，產生成功感和滿足感，他就會繼續努力，嘗試更進一步。幼兒也不例外，當他學會一件事情，那怕是簡單如從爬行到站立，從站立到走路，如果能得到別人的讚賞，孩子自然會充滿信心，動力十足，再接再厲，繼續嘗試。

孩子的成長，需要學習的事情多的是，例如生活技能、語言説話、文字詞彙、情緒表達，還有各種各樣的學科知識。孩子在學習的過程中，都需要成人的鼓勵、支持和稱讚，這樣孩子才會積極學習，勇於嘗試。

b. 誰能代替你地位？

嬰兒出生後，什麼事情都需要成人照顧。如果嬰幼兒能夠從成人處得到足夠的關顧、愛護和擁抱，孩子長大後便會有安全感，對人和環境產生信任。一般來說，父母親就是孩子的依靠，如果父母希望孩子身心都能夠健康發展，最好能多花時間陪伴孩子，及早建立親子間互相信任、互相依賴的親密關係。

一個好的保母，能幫你打理家務，看顧孩子，但絕對不能代替父母的角色。因此，即使工作再忙，父母也要親自進行親子伴讀，讓孩子在父母的陪伴下，學習語言文字，享受閱讀樂趣，建立親子感情。

c. 你了解你的孩子嗎？

這時期的幼兒，正處於學習和吸收的階段。幼兒從日常生活和親子閱讀中學習語言、詞彙、文字和其他知識。孩子學習的過程有快有慢，家長無需操之過急，更不要像主考官般「考核」孩子。家長可在日常生活中多給孩子說話和使用詞彙的機會，不要因為孩子一時用錯詞彙，或者未能正確辨認字詞而擔憂，更無需為此而生氣。

每一個孩子都是獨立的個體。他們有與生俱來的性格和不同的成長環境，因而學習能力、學習模式和學習速度都各有差異。家長不必拿自己的孩子跟別的孩子比較，應該先了解自己的孩子，幫助孩子找出適當的學習模式和學習速度，讓孩子有信心和愉快地進行閱讀活動。

家長應按孩子的性格和喜好去培養他們的閱讀興趣。為孩子安排固定的閱讀時間，舒適的閱讀空間，讓孩子樂意閱讀。雖説朗讀故事等閱讀活動能訓練幼兒的讀音和認字能力，但別忘記孩子還小，不能揠苗助長，更不要嚴苛要求。親子閱讀的目的，是讓孩子愛上閱讀，體驗愉快的閱讀過程，而不是必須在短時間內，學會多少個詞彙。

第六章 三至六歲的親子閱讀

1. 透過閱讀培養多項能力

a. 培養孩子的觀察力

觀察力是一種獲取外界訊息的能力，是表現智力的一部分。日常生活中，很多被認為是理所當然，司空見慣的事情，在一個觀察力強的人的眼裏，往往能從尋常處看出不尋常。以下就是一個例子：

有一天，瑞士一位工程師從外面散步回來，發現衣物上沾滿小小的芒刺。這種情形，相信很多人都經歷過，絕大多數的人都會不耐煩地把芒刺拔走，拔掉之後，就不會再把它當一回事了。但是，這位充滿好奇心的工程師，卻把芒刺拿到顯微鏡下觀察，發現芒刺本身像一排勾，一碰到衣物就緊緊附在上面。就是這種觀察和不懈研究，他發明了用途廣泛的魔術貼，我們日常用的鞋子、錶帶、背包、窗簾，甚至血壓計，都用上了這種方便好用的設計。

世上很多的發明，都源於一個基本的能力——觀察力。觀察力可以從小培養，「閱讀」就是其中一個培養途徑。

幼兒認識的字詞有限，這個時期的閱讀，都以圖畫故事為主。一本好的圖畫故事書，圖畫能豐富故事的細節，提供不少有趣的訊息。這時，你除了是一位家長外，還是一位引導者，引導幼兒觀看圖畫的細節，從圖中的景物、人物的表情和動作中，找出故事發展的線索來。

常進行親子閱讀，多引導幼兒留意書中細節，幼兒的觀察力就能慢慢培養起來。

b. 培養孩子的聯想及推測能力

故事能給孩子提供不同的場景，豐富孩子的生活經驗。知識是相通的，孩子可以從已有的生活經驗和日常知識中，聯想並猜測故事情節的發展。例如故事書中連續幾頁的圖畫，天空的雲層在不斷變化，變得愈來愈厚，愈來愈黑。孩子看到圖畫，就能猜測到天快要下雨了。

下雨了，雨中又會發生什麼事情呢？在翻去下頁之前，先鼓勵孩子透過故事人物的表情和動作，猜測一下情節發展，從而培養孩子聯想和推測的能力。

除了圖畫外，孩子閱讀文字時也用得上猜測的技巧。當孩子讀到陌生的字詞時，家長應先跟孩子講解故事的前後情節，再請孩子按篇章的上文下理，推測字詞的意思。日後孩子再遇到陌生的字詞時，就會用相同的方法，去推測其字義了。

c. 培養孩子的組織能力

故事有人物角色，有情節鋪排，結構起承轉合，有條有理。家長跟孩子閱讀故事後，孩子對故事已經頗為了解。這時，家長可鼓勵孩子把故事複述出來。

複述故事是訓練孩子組織能力的好方法。因為孩子複述故事時，需要把故事的先後次序、因果關係加以整理，再用自己的語言表達出來。

d. 培養孩子的想像力及創造力

敢於想像，人類才能一次又一次地超越界限，實現夢想。有膽創造，人類才能一次又一次地克服困難，夢想成真。因此，想像力和創造力是人類獨有的能力，也是人類進步的條件。

閱讀可以激發想像力，沒有想像力也就沒有創造力了。

孩子思想簡單直接，沒有成年人那麼多條條框框，加上孩子對世界充滿好奇和疑問，因此，經常會提出一些出人意表的想法來。讀完故事，家長可鼓勵孩子多想像、多創作，可以是改動故事的情節，可以是加減故事的角色，或可以是改寫故事的結局，這都是培養孩子想像力和創造力的好方法。

有時候，孩子想到的故事情節，在成人看來有點天真可笑，十分古怪，不合邏輯，有違常識。但請不要取笑孩子，更不要立即否定他，以免窒礙了他的創作意欲。家長可以先聽孩子把故事説完，再請他解釋他的想法，然後再作討論。

今天是互聯網的時代，人類的生活方便得很，要獲得資訊也容易得很，但有些能力卻不能靠網上提供，必需從小培養。透過閱讀，能讓孩子多觀察、多聯想、多推測、多組織、多想像、多創造，這些都是智力的訓練，智慧的基礎。孩子的童年發展，直接影響孩子將來的表現。如果透過愉快的閱讀活動，讓孩子獲得以上多項能力，優質成長，那是多麼值得的事情。

e. 進行品德情意教育

兒童成長，智力因素很重要，品德和心理因素也很重要。家長重視孩子的品德發展，有責任教導他們正確的價值觀。但是，如果沒有實際的處境，光靠家長抽象的述説，孩子理解起來並不容易。閱讀故事就能提供一個合適的處境，很自然地向孩子灌輸正確的品德價值觀。例如閱讀成語故事「守株待兔」時，可教導孩子不要期望不勞而獲；跟孩子講「孔融讓梨」時，就帶出禮讓的良好品德。

人生活在社會上，需要學會管理自己的情緒，約束自己的行為，顧及別人的感受。孩子閱讀故事，像經歷了一次故事人物的遭遇。家長可以透過故事人物的表現，教導孩子如何正確地管理自己的行為和情緒。

曾看過一本講述三歲孩子第一天上學的圖畫故事書，故事開始，媽媽帶孩子上學。媽媽拖着孩子進校，孩子就拼命抓住學校門口的欄杆，不肯進去。這反映了孩子害怕離開媽媽，不願意到陌生的環境上學的普遍情況。

後來，孩子終於進入學校了，故事繼續講述孩子在學校跟老師和同學活動的情形。故事最後一頁，媽媽來接孩子放學。這頁的圖畫，場景和構圖跟第一頁一樣，惟一不同的，是媽媽要拖着孩子回家，孩子卻抓住學校門口的欄杆，不肯離去。

這是一個有趣的故事。如果在孩子入學前，家長跟孩子閱讀這個故事，讓孩子知道學校有老師，有同學，有活動，有遊戲，上學原來是一件有趣的事情，孩子就能克服害怕的情緒了。

2. 高效能的親子閱讀活動

a. 圖畫故事書

孩子天生愛聽故事，尤其愛聽父母給他講故事。如果説食物是孩子生長發育的必需品，那麼，故事就是幫助孩子心靈成長的維他命。

跟這個年齡段的幼兒進行親子閱讀，圖畫故事是必然和最佳的選擇。圖畫故事書既有幼兒喜歡看的圖畫，又有幼兒需要閱讀的文字。在圖畫和文字的互相配合下，幼兒很容易就明白故事的內容。給幼兒講故事時，他可以學到故事中的詞彙和句式，這既能豐富幼兒的生活經驗，也能增進幼兒的語言能力。

b. 共同閱讀

三四歲的幼兒，有時會自己拿起一本書，看似十分認真地閱讀起來。家長看到這情景，應該感到高興，但並不表示以後可以放手不理，因為幼兒可能只是模仿大人看書的動作，而不是真的懂得閱讀。

就算孩子真的在看書，但他們畢竟年幼，沒有家長的引導，閱讀效果也大打折扣。因此，家長應跟幼兒共同閱讀，看圖畫，講故事。

閱讀時，孩子有不明白的地方，家長可以即時講解，這樣除了可以提高閱讀效果外，還可以加強親子溝通，建立互信。

c. 引導孩子猜測故事發展

幼兒特別喜歡句式和情節重複的故事書 (patterned book)。故事中重複的元素，能讓孩子從過往的經驗中，猜測到故事的情節發展。這類圖書稱為「可猜測的圖書」(predictable book)，例如「三隻小豬」、「狼來了」、「拔蘿蔔」等，都屬於這類圖書。

閱讀這類圖書，家長可以一頁一頁地引導孩子，鼓勵孩子觀察和思考。先讓孩子觀察圖畫的細節，從圖畫中尋找線索，猜猜跟着究竟會發生什麼事情，才翻到下一頁去。

孩子喜歡猜測，也喜歡提問。如果孩子猜對了，他會很滿足；如果孩子的提問得到重視，他會很高興。因此，當家長認為孩子的表現不錯，請誠懇地、熱情地稱讚他。孩子從閱讀故事中得到滿足感，從家長的稱讚中得到成就感，就會更喜歡運用腦袋，更喜歡閱讀故事了。

讀畢整個故事後，家長可以教導孩子認讀字詞。這時，可以翻回故事首頁，給孩子朗讀故事。句式重複的故事特別適合幼兒閱讀，因為這類圖書可以讓孩子更容易學懂字詞，達到提早識字，大量識字的效果。

d. 有效朗讀圖書

講完故事，孩子對故事內容已經有一定的了解，這時就可以進行朗讀了。家長進行朗讀時，用手指指着書中的文字，慢慢地、清晰地一字一句讀出來。孩子一邊看着家長指的文字，一邊聽着家長朗讀的聲音，同時使用視覺和聽覺進行學習。在聽讀的過程中，孩子很自然就掌握到字音、字形和字義的對應關係。

朗讀幾遍後，家長讀到常出現的字詞時，可以請孩子試讀。如果孩子已經認得較多的字，不妨跟孩子輪流朗讀，你一句我一句的，以增加趣味性。孩子讀得愈專心和投入，記憶的字詞就愈牢固。

有效的朗讀，並不是單把每一個字音讀出來，而是明白文字所表達的意思。每個漢字本是獨立的個體，但當漢字組成詞語後，這個詞語就是一個整體，代表特有的意思。因此，進行朗讀時，應注意字詞間的停頓。例如讀到句子「小猴子帶着雨傘上學去」，家長可以適當停頓，把句子讀成「小猴子 / 帶着 / 雨傘 / 上學 / 去」。輪到孩子朗讀時，如果他明白句子的意思，他也會讀成「小猴子 / 帶着 / 雨傘 / 上學 / 去」，而不會讀成「小猴 / 子帶 / 着雨 / 傘 / 上 / 學去」。

如果孩子遇到讀錯或不會讀的字詞，家長不需要立即矯正，可以先鼓勵孩子從圖畫和上文下理中猜出字義，再嘗試讀出字音。很多時，孩子都可以自己更正過來。

e. 鼓勵孩子複述故事

經過講故事和朗讀故事兩個步驟後，孩子對故事更加熟悉了。這時，家長可以請孩子放下書本，讓他從一個「聽故事人」變成一個「講故事人」，把故事複述出來。

孩子經過複述的過程，對故事自然有更深的體會。同時，複述故事可以訓練孩子的組織能力、表達能力和語言能力，又好玩又有益。

孩子始終是孩子，即使記憶力很好，講故事時也難免會有記不清楚或遺漏的情節。遇到這種情況，家長可以給予適當的提示。當孩子講完故事後，請稱讚孩子的努力。對幼兒來説，完完整整地講完一個故事，也是一件值得自豪的「成就」。

如果孩子忘記故事情節，不能完整說出故事內容，家長不要勉強孩子，可以換另一個方法把講故事進行下去。例如鼓勵孩子加入自己的想法，發揮創意，由複述一個舊故事變成創作一個新故事。總之，講故事是一件好玩的事情，孩子參與其中，應該是積極和快樂的。

f. 跟孩子聊書——讀後交談

孩子愛發問，反映他有強烈的好奇心和求知欲。愛發問的孩子，通常都愛思考，愛動腦筋。有時候，孩子的問題古靈精怪；有時候，孩子又會「打爛砂鍋問到底」，纏着父母問個不休。如果這時父母在忙着其他事情，就更加覺得不勝其煩！

要知道父母的態度，往往影響着孩子日後的行為。父母問孩子問題時，鼓勵孩子多想多答，輪到孩子問父母問題，父母也要仔細認真地回答。親子間有問有答，父母態度積極友善，孩子日後才會敢於多問，敢於多想，敢於多答。

讀完故事，不妨跟孩子以書為題，進行聊書。這是親子交談，有問有答的好機會。家長和孩子都對故事有所認識，就可以分層次地聊書了。

第一層：談故事的內容，看孩子對故事的理解和記憶程度。

第二層：引導孩子分析故事細節。

第三層：評論故事，互相表達自己的感受和看法。

第四層：加以想像，發揮創意，創造新的情節或結局。

跟孩子聊書時，家長作為引導者，通常會主動多問，請讓孩子放膽地表達自己的見解。如果孩子反過來問你，你也要認真回答。

下面就以一個圖畫故事為例子，談談如何跟孩子聊書。

故事：《為什麼不等我》

兔子和烏龜是好朋友。今天，兔子請烏龜到家裏玩，他們一起走回家。

兔子走得快，烏龜走得慢。烏龜追得很吃力！

兔子見烏龜走得辛苦，便放慢腳步，說：「不要緊，我陪你慢慢走。」

走了沒多久，兔子突然丟下烏龜，飛快地跑了。

烏龜心裏很不高興，說：「不是說陪我慢慢走嗎？怎麼又不等我，自己跑了？」

不久，兔子拿着雨傘，氣呼呼地跑回來。

兔子說：「天要下雨了，我跑回家替你取雨傘呢！」

跟孩子讀完這個故事後，就可以進行聊書了。聊書的內容包括；

1. 烏龜和兔子是什麼關係？今天兔子邀請烏龜到哪裏去？

2. 為什麼兔子跑到烏龜的前面去了？為什麼他又跑回來呢？

3. 兔子跑回來後，跟烏龜説了什麼呢？你猜烏龜聽了兔子的話高興嗎？

4. 你有沒有留意到天空有什麼變化？

5. 烏龜看着兔子遠去，心情怎樣呢？他是怎樣想的？

6. 兔子為什麼不跟烏龜一起慢慢走回家，而要自己跑回家為他拿雨傘呢？

7. 天真的下起大雨來了，為什麼兔子和烏龜都沒有弄濕身體呢？

8. 如果你是烏龜，你還會生氣嗎？你會怎樣跟兔子説呢？

9. 你認為兔子做得對嗎？如果你是兔子，你也會這樣做嗎？

10. 烏龜生氣，因為兔子一聲不響就跑了。在跑之前，你認為兔子要怎樣做，烏龜才不會生氣呢？

11. 從兔子的行為看來，他是一隻怎樣的兔子呢？你喜歡他嗎？為什麼？

12. 這天，兔子又跟烏龜一起走。突然，兔子又一溜煙地跑了。讓我們來猜猜，這次兔子為什麼又丟下烏龜跑了，想得愈多愈好呢！

(可能的原因很多，例如肚子痛，要上廁所；出門時忘記關水喉；看到前面有人需要緊急幫助；追車……)

孩子的想法跟成年人未必一樣。家長應該趁這個機會，多讓孩子表達，藉此了解孩子的想法，加強溝通。另外，親子間的討論並沒有標準的答案，不要硬把自己的想法套在孩子身上。只要不違反道德，雙方的意見都應受到尊重。父母應該以身作則，讓孩子從父母身上，學會聆聽別人，反思自己，以別人之長，補自己的不足。

3. 家庭閱讀遊戲建議

a. 製作圖畫故事書

這階段的幼兒識字不多，暫時不能用文字來表達創意。但畫畫也是創造力的表現，值得提倡。

家長跟孩子讀完故事後，可以鼓勵孩子用自己的圖畫把故事重現出來。為了加強趣味，鼓勵創意，也可以引導孩子改動或加入一些情節，為故事創作另一個結局。或者，索性讓孩子重新創作一個故事，用圖畫表達出來，製作一本孩子專屬、天下無雙、獨一無二的圖畫故事書。

孩子完成後，請孩子拿着自己的作品，向家長講解他的大作。家長應重視孩子的努力，耐心聆聽，適當地點頭、拍掌、稱讚，甚至把孩子的圖畫張貼在家中當眼的牆壁上。孩子得到父母的肯定，就會更愛閱讀和創作故事了。

b. 故事角色扮演

孩子容易代入到故事中去，會特別喜歡故事書中某一兩個角色。家長可以鼓勵孩子，設想角色的感情和説話的語氣，把故事中的對白演繹出來。如果孩子做到了，再鼓勵孩子加上表情和動作。最後，循序漸進地，讓孩子進行角色扮演，把客廳暫時變成小劇場。

這是一項有趣的家庭遊戲，家長可以為孩子準備一些簡單的道具，或者跟孩子一起準備。家長既做觀眾又做導演，提醒孩子注意表情、動作、聲線，如有需要，就來個親身示範。

故事中的角色可能多於一個。家長和其他家庭成員都可以擔當其中一個角色，一起參與演出。如果孩子喜歡，也可以讓他一人扮演多個角色。總之，一家人就要高高興興地大玩一場，全情投入到故事角色中去。

c. 誦唱兒歌童謠

兒歌和童謠，代代相傳，是兒童的啟蒙文學，也是一種文化傳承。有些童謠旋律簡單，容易詠唱；有些童謠沒有配上旋律，但讀來仍然琅琅上口，韻律分明。不管是唱是誦，它們都有好些共通點，就是押韻悅耳，語言樸實，內容有趣，易讀易記。

孩子從小就聽兒歌童謠，聽多了，自然就會跟着唱誦。家長可以給孩子講解歌詞的意思，孩子可以藉此學習語文。孩子明白歌詞後，家長就可以根據歌詞的意思，教導孩子做一些簡單的動作和表情，鼓勵孩子把喜歡的歌謠表演出來。

為了增加趣味，誦唱歌謠可以是個人上場，也可以是組合登台；可以是輪流表演，也可以是歌唱比賽。不管結果如何，先讓歡樂的歌聲瀰漫家中。

d. 口語聯想遊戲

孩子聽過或讀過的詞彙，需要經常使用，才可以內化成自己的詞彙網絡。因此，在空閒的時候，家長不妨多跟孩子玩詞彙聯想遊戲，鞏固孩子對詞彙的認識。

這種遊戲的好處就是不需任何道具，不需特別準備，隨時隨地都可以進行。例如候車或坐車時，就可以跟孩子玩。家長說「文具」，請孩子說出他認識的文具詞彙名稱，如鉛筆、間尺、原子筆、擦紙膠、紙、簿等。如果家長說交通工具，孩子就可以聯想到巴士、的士、電車、地鐵、輪船、飛機……

e. 就地取材的閱讀活動

帶孩子外出時，無論走到街道上、商場裏、餐廳內，到處都是用文字寫的招牌、路牌、指示牌、廣告牌、食物菜單……這些俯拾皆是的東西，都可以是孩子隨時隨地閱讀的材料。

生活中到處都是閱讀的機會。例如帶孩子去超級市場購物時，可以讓孩子閱讀購物清單，閱讀各種分類指示牌、物品標籤、包裝說明等。到主題公園或外出旅遊時，跟孩子一起閱讀介紹景點的小冊子。現在的科學館、太空館、水族館、博物館，都有不少可以讓參觀者參與的互動遊戲。玩遊戲之前，可以跟孩子閱讀遊戲説明。總之，就地取材，自自然然地教導孩子閱讀和識字。

孩子年紀還小，總有不少陌生字詞是不認得的，家長可以隨時給予指導。如果旁邊有其他線索，例如圖畫或實物，家長可以請孩子先猜猜看。「猜」也是孩子愛玩遊戲的一種啊！

4. 為幼兒選書

a. 版面清晰的讀物

幼兒主要通過視覺來學習。因此，給幼兒看的讀物，宜字體大而端正，筆劃清楚，版面清晰。

圖畫能幫助幼兒理解和閱讀文字。因此，為幼兒選擇圖畫故事書，要注意文字和圖畫互相配合，文字句式簡潔，圖畫清楚細緻。

圖畫故事書有不同的排版方法。有些是圖畫和文字明顯分開，有些則是文字融入圖畫之中，兩者沒有孰優孰劣之分，只要不影響孩子清楚閱讀就好。

b. 不同題材的讀物

幼兒愛聽故事。故事的題材多種多樣，例如生活故事、童話、寓言、神話、民間故事、偵探故事、歷險故事、成語故事、名人故事……等等。只要內容健康，圖文質量佳，適合孩子的程度，都可以選為孩子的讀物。

除了故事外，詩歌文字優美，韻律感強，也很適合幼兒誦讀。一些千古傳誦的詩詞，淺易而有趣，短小而押韻，容易背誦。閱讀詩詞，有助增強孩子的記憶力，更能讓孩子感受到文字之美。詩詞除了是一種閱讀材料，也是一種歷史和文化的傳承。家長教孩子誦讀，給孩子講解，潛移默化之下，孩子腦中就累積了不少知識，不少雅言了。

當然，如果孩子喜歡閱讀其他類型的書籍，例如科學、天文、體育等知識類讀物，這代表孩子對這方面興趣濃厚，求知欲強，家長也應予以肯定。只要閱讀能成為孩子的興趣，孩子長大後，就能透過閱讀去吸收知識，充實自己了。

5. 建立閱讀氛圍

a. 閱讀是生活中的一部分

習慣需要時間養成，閱讀習慣更應從小培養。家長宜安排一個固定的閱讀時間，例如在飯後半小時或睡前半小時，每天進行，讓孩子覺得閱讀就跟吃飯、洗澡一樣，根本就是生活中的一部分。

孩子年紀幼小，閱讀時間無需過長。如果優質閱讀，即大家都專注在閱讀這件事情上，心無旁騖，二、三十分鐘已經足夠了。家長先是引導孩子閱讀，等孩子能夠自行閱讀的時候，家長可以坐在孩子身旁，各自進行閱讀。如果孩子在閱讀時遇到困難，家長可以從旁幫助。孩子看到父母閱讀，自己又從閱讀中找到樂趣，慢慢就會愛上閱讀了。

b. 讓孩子多接觸圖書

孩子多接觸圖書，觸手可及，就容易對書產生感覺。要接觸圖書並不困難，除了給孩子買書外，家長還可以帶孩子到書店和圖書館。尤其是圖書館，圖書種類齊全，應有盡有，既可以即時翻看，又可以借回家細讀。讓孩子自己選擇有興趣的圖書，漸漸他就發現圖書的吸引力，而願意繼續讀下去。

到公共圖書館借書，既多選擇又不收費用，家長和孩子都應當好好利用。然而，公共資源需要大家好好愛護和珍惜，看書之餘，家長還要教導孩子愛護圖書，培養良好的公民品德。

c. 以書作為獎勵或禮物

給孩子送禮物，不論是節日禮物還是獎勵禮物，都可以選擇圖書。家長可以帶孩子到書店，讓孩子選擇自己喜歡的圖書。禮物是孩子自己的選擇，孩子會因此感到高興，同時又能讓孩子變得愛書，喜歡閱讀。

d. 父母以身作則

父母是孩子最親密的人，他們的言行舉止，都會成為孩子模仿的對象。因此，父母喜愛閱讀，經常閱讀，自然能成為孩子學習的榜樣。讓孩子看到你經常閱讀，而且從閱讀中得到快樂，孩子自然潛移默化，萌生對閱讀的興趣。

e. 書是隨身攜帶的一樣物件

成人上街，總會隨身攜帶一個手提包，放置一些必要的東西。小孩子上街，也有一些必要的東西要帶上，也喜歡自己擁有一個小背包。家長可以為孩子準備一個，裏面放手帕、水壺、小食等孩子要用的東西，還不忘放入一本圖書。孩子有空的時候，可以從背包中拿出圖書來閱讀。有書可看，孩子就不會覺得沉悶無聊了。

f. 讓孩子擁有自己的閱讀空間

如果孩子在家裏自己有一個閱讀小空間，孩子就更能感受到閱讀的樂趣。孩子慢慢長大，渴望獨立閱讀。在可能的情況下，請家長在家中放置一個屬於孩子的小書架和一張小書桌，讓孩子擁有獨立的閱讀位置。

孩子閱讀的地方，要注意光線充足，桌椅的高度適中。孩子閱讀時，請保持環境安靜，留意孩子正確的坐姿。孩子讀畢後，教導孩子把書籍放回原位。培養閱讀之餘，也要培養良好的生活習慣。

g. 預留時間給孩子閱讀

近年，各種各樣的幼兒課外活動班愈來愈盛行，跳舞班、繪畫班、足球班、游泳班、樂器班、語文班……很多家長，都在孩子課餘之後，為孩子安排多項活動。

發展才藝，建立興趣是好事，但孩子需要足夠的休息時間，需要玩耍時間，也需要閱讀時間。因此，孩子上學、參加興趣班和在家休息的時間要取得平衡，不可閒得發慌，也不能忙得要命。孩子在家休息時，家長可以跟孩子輕輕鬆鬆地閱讀圖書，或一起觀看多媒體閱讀材料，保持愉快閱讀的良好習慣。

6. 小事情大效果

a. 聽長輩說人生故事

很多孩子，日間都由祖父母或外祖父母照顧。他們跟祖輩的相處時間多，感情也深厚。家長可請祖輩多跟孫兒聊天，説説自己的成長故事。祖輩人生經驗豐富，總會經歷過一些難忘的事情。孩子一般都對祖父母或外祖父母以往的事蹟感到好奇，特別愛聽他們的童年往事。

「家有一老，如有一寶」，祖輩給孩子談自己的人生經驗，就等於給孫兒上了一堂人生課。孩子除了對祖輩有更深的了解外，還認識到幾十年前的社會面貌。這不僅是祖孫之間的溝通，也是一種寶貴的文化傳承。

b. 吸取雅言

口語和書面語有一定的差別。口語在日常聆聽和對話中吸取，書面語就從閱讀中習得。自小鼓勵孩子閱讀，尤其是開聲朗讀，他就會把字詞的形和音以書面語的形式存在腦中，成為「雅言」。

如果孩子多吸收書面語，多説雅言，日後寫作時，便容易做到「我手寫我口」，減少寫出口語方言的弊病，從而提升語文能力和寫作能力。

c. 善用多媒體材料

聆聽是學習語言、輸入詞彙的第一步。有聲音、有畫面的多媒體學習材料，是幼兒學習語言的不錯選擇。

現在是網絡和數碼的世界，給幼兒觀看的多媒體材料多如雨後春筍，家長宜小心選擇。除了內容要益智有趣外，還要求發音清晰準確，畫面也不宜跳動太快，更不要讓幼兒觀看時間過長。如果孩子年紀小小就習慣長時間觀看跳動太過頻繁的畫面，他就會對靜止的畫面失去耐性，對靜止的書本失去興趣。

孩子透過多媒體材料來學習有其好處，但不要忘記發展書本閱讀、文字閱讀。要知道孩子長大後學習的知識，很多都是從文字中得來。掌握良好的語文能力，實屬必要。

第七章 六至九歲的親子閱讀

1. 孩子漸長，閱讀愈見重要

a. 閱讀是成長十分重要的一環

閱讀除了是一項有益的消遣活動外，還是獲得知識的一個重要途徑。孩子通過閱讀，可以學習知識，充實自己；可以了解社會，認識世界；可以明辨是非，獨立思考。

孩子年齡漸長，可以提高閱讀材料的難度，例如文字較多，句子較複雜，內容較深奧，從而促進他們的語文能力和思考能力。題材健康的圖書，又能幫助孩子建立正確的人生觀和價值觀，學會判斷，明辨是非。

喜歡閱讀的孩子，都喜歡追求知識，樂於學習。只有具備良好閱讀能力的孩子，長大後才能夠發展成具有國際競爭力的人才。何況，閱讀是一件令人愉悅的事情。愛閱讀的人，生命充滿快樂，精神獲得滿足。

b. 發展認知能力

台灣著名學者曾志朗和洪蘭的研究指出，有閱讀習慣的孩子，跟沒有閱讀習慣的孩子相比，腦部發育較迅速和成熟。因為孩子在閱讀的時候，大腦會自然用上理解、綜合、分析、推斷和想像等不同的能力。孩子經常閱讀，對腦部發育和認知能力的發展，皆極有幫助。同時，閱讀能提高孩子的學習能力，有助提升學業成績。

c. 提高語文能力

閱讀能提供孩子學習語文的機會。閱讀時，孩子大量接觸文字，吸收大量詞彙，書面語網絡愈見豐富。另外，孩子一面閱讀，一面將字、詞、句、段、篇中的意義重新演繹和推論，從而明白箇中含義。這個思考過程有助提高孩子的閱讀能力和語文能力。

d. 培養批判、解難、溝通和創造等能力

閱讀的時候，我們需要運用推論、綜合、批判和解難的能力。因此，閱讀對孩子的思維能力很有幫助。促進思維能力，對提升孩子的溝通能力和創造能力，也很有幫助。

e. 建立正確的人生觀和價值觀

科技一日千里，社會也變得愈來愈複雜。人除了不斷學習，與時並進外，更應該從小建立正確的人生觀和價值觀，因為這將決定我們日後的行為表現，既影響自己，也影響他人，影響社會。

世界著名學者，紐西蘭奧塔戈大學弗林教授 (James Flynn) 多年前曾説過：「現代社會強調如何運用智力獲取利益，情感教育備受忽略，故人類目前的挑戰在於如何妥善解決道德及社會問題，而閱讀文學作品能提供不同的處境，讓讀者去體驗。在文學名著的薰陶下，學習易地而處，體諒別人；學習面對人生的各種挑戰，不輕言敗；學習重視萬物，愛惜地球，保護環境。」

如果我們的孩子能夠從閱讀中學到正確的人生態度，作為父母，就不用擔心孩子「行差踏錯」了。

2. 與孩子進行的閱讀活動

a. 家庭閱讀活動

家庭，是孩子成長的地方；父母，是孩子成長的領航人。父母的投入與教導，將直接影響孩子的成長軌跡。培養孩子的閱讀習慣和態度，也必須從家庭開始。

父母願意抽空，經常跟孩子進行適合他們能力的閱讀活動，是成功培養孩子閱讀興趣和習慣的重要過程。這個時期的孩子已經不再是幼兒，家庭閱讀活動可以分為親子和孩子獨自進行兩部分。

親子閱讀活動建議：

— 講故事
— 讀各類招牌和標籤
— 聽孩子高聲朗讀
— 跟孩子談他自行閱讀的書刊
— 跟孩子談他課堂上閱讀的教材
— 跟孩子一起到圖書館或書店

孩子獨自進行的閱讀活動建議：

— 看書
— 收看有關指導閱讀的電視節目或錄像
— 收看有字幕的電視節目或電影

b. 讀書和聊書

孩子小的時候，父母多跟孩子講故事，引起他們的閱讀興趣。孩子慢慢長大，可參與的環節愈來愈多，這時，父母可以跟孩子輪流朗讀故事，扮演故事裏不同的角色，甚至一起聊書。

聊書是一種閱讀後的交談，對剛看完的一本書互相分享意見。聊書可以增加閱讀的趣味，還可以刺激思考，提升表達和溝通能力。

跟孩子聊書，需按孩子的程度進行。孩子年幼，就聊故事發生的時間、地點、角色、經過等。隨着孩子年紀漸長，思考能力增強，表達能力提高，父母就可以跟孩子討論較高層次的問題，例如選出最喜歡的角色，最印象深刻的情節，自己希望扮演的角色，甚至重編故事，續寫故事結局等。

聊書未必有標準答案，家長不必堅持自己的觀點，應多給孩子獨立思考的空間，鼓勵他們表達自己的看法。只要孩子能夠解釋自己的答案，能夠提出支持自己觀點的理由，就表示孩子已經有自己的思考能力和判斷能力了。

c. 網上閱讀和分享

今天，上網已經成為大眾生活的一部分。網上材料多如恆河沙數，內容既豐富又多元，只要選擇得當，互聯網也是提供閱讀材料的一個不錯途徑。不過網上訊息良莠不齊，孩子年紀尚小，父母可以陪同孩子進行親子網上閱讀，藉此指導孩子如何選擇內容健康和益智的網站，及早幫助孩子認識正確使用互聯網的態度。

孩子慢慢長大，他們使用互聯網的頻率很自然地會慢慢提高。父母應該注意孩子使用互聯網的時間不可過長，關心他們瀏覽哪些網站，閱讀哪些內容。一刀切地禁止或干預孩子上網，效果只會適得其反，適當指導才是有效的辦法。

互聯網是一種輔助工具，讓我們很方便地接觸世界，很容易地得到想要的資料。但它不是支配我們的主宰，不少研究都指出兒童上網的時間過長，會影響身心發展。

父母有責任教導孩子，上網是生活的一部分，但絕不是主要的部分。適當的時候，把眼睛從電腦屏幕移開，放眼觀看外面的世界，你會發現互聯網以外，也有很多值得探索的有趣事物。

d. 收看有字幕的影視節目

除了上網外，很多家長都擔心子女花太多時間看電視，會影響學業成績。事實上，適當地觀看電視節目也能增強閱讀能力，並可豐富孩子的生活常識。所以，家長可以讓孩子看電視，但時間不要過長就可以。

當然，孩子所看的電視節目，例如卡通片、兒童節目、新聞及資訊性節目等，內容和題材必須健康。電視節目通常伴有字幕，看電視的時候，家長應鼓勵子女閱讀字幕，讓他們多認識不同的詞彙和書面語。

e. 到圖書館和書店去

常到圖書館借閱圖書，有助提升孩子的閱讀能力。因此，家長最好經常帶孩子到圖書館去，讓孩子接觸和借閱不同類型圖書，以培養孩子良好的閱讀習慣。

除了圖書館外，書店也是充滿書香的地方。常帶孩子逛逛書店，也有助孩子愛上閱讀。

f. 建立閱讀群體

加入閱讀群體，可以讓孩子明白閱讀是可以跟其他人分享的樂事，從而愛上閱讀。因此，同校或同區的家長可以組織一群孩子，組成閱讀群體，定期進行閱讀活動，例如舉行閱讀派對，鼓勵孩子自己閱讀之餘，也與其他人共同閱讀，共同分享。

3. 讀得多和讀得廣

a. 多元化閱讀

閱讀是一種好習慣，只要內容健康，用字文雅，父母應讓子女選擇他們喜歡的圖書。圖書館裏的書汗牛充棟，題材包羅萬有，擺放分門別類。帶孩子進去一趟，他總可以選到愛看的圖書。

孩子如果閱讀自己選擇的課外書，會更享受閱讀，閱讀表現會更好。不過，如果孩子的選擇過分側重某類型讀物，父母最好引導他們多元化閱讀，以擴展閱讀層面，拓寬視野。

文藝性讀物例如小説、故事書、詩歌等，特別有助提高孩子的閱讀能力。知識及資訊性讀物如科學圖書、各類雜誌 (包括科技雜誌、體育雜誌、地理雜誌、音樂美術雜誌等)，甚至是產品説明書、產品目錄，都可以擴闊孩子的知識層面，雖然這些材料讀來未必有趣。

另外，還有一些讀物可以為孩子提供一些社會經驗，容易跟朋輩製造話題，例如娛樂雜誌和漫畫等。孩子偶然閱讀也無可厚非，但只應當作消閒，不宜過量和沉迷。

為了鼓勵孩子多元化閱讀，家長應為孩子提供不同的閱讀材料。閱讀故事能提高文藝閱讀的能力，閱讀知識類讀物和各類雜誌可以提高資訊閱讀的能力。這兩種能力同樣重要，當能讓孩子均衡發展。

以下就詳細談談一些適合初小孩子閱讀的讀物。

b. 寓言、小說、故事

寓言，在虛構的故事中隱藏某些道理，用比喻的手法表達出來，發人深省。寓言故事一般篇幅比較短小，內容生動。

小說，有完整佈局、發展及主題的讀物。小說一般以故事的方式描寫人物，細緻地展現人物的性格和命運，同時還會描述人物所處的社會環境，為讀者展示不同年代或時空的社會面貌。

故事，跟小說相似，都與文學相關。不過，故事的篇幅較短，以敘述的方式講述一件有寓意的事情。

這類作品都富有情節，容易引人入勝，能培養孩子的想像力。

c. 傳記、遊記

傳記，記載人物一生或某個人生階段的真實事蹟。傳記跟小說不同，小說情節是虛構的，傳記雖然也會經過文學加工，但內容卻是真實存在的。傳記可以是自己執筆，稱為「自傳」，也可以由他人執筆，用第三者角度來敘述。

傳記記載的都是中外名人的事蹟和言行，可以作為孩子學習的榜樣。

遊記，一般是敘述作者在遊歷中所見所聞所想，描寫地方的名勝古蹟和風土人情。孩子閱讀遊記，可以認識不同地方的風貌，增廣見聞。

d. 詩歌、民謠

詩歌，是一種特別的文學體裁，對音節、聲調、韻律有一定的要求。在中國，詩歌的歷史已經超過三千年，經歷了時代的變遷，詩歌的格式也不斷變化。不過，不論是古詩還是近體詩，都保留詩歌的特色，就是語言優美，富有韻律，琅琅上口。

民謠，是屬於老百姓的民間歌謠，是老百姓真實生活的反映。民謠在社會中廣泛流傳，口口相承，代代傳誦。

孩子多讀詩歌和民謠，能感受語言文字的優美，也能了解當時的社會風貌。

e. 科學、藝術叢書

科學叢書，是介紹自然領域知識的書籍。人類的生活離不開科學的範疇，上至天文，下至地理；靜態如花草樹木，動態如鳥獸蟲魚；常用如公共汽車，罕見如宇宙飛船……

科學叢書或解釋基本的科學概念和原理，或介紹有趣的百科知識，或提出具挑戰性的科學難題，這些都可以刺激孩子的好奇心，培養他們對知識的興趣和探究精神。

藝術叢書，指介紹不同的創作藝術，如繪畫、音樂、戲劇、手工藝創作等的書籍，或介紹不同藝術的創作技巧，或介紹不同藝術家的風格和特色。閱讀這類圖書，可以提高孩子對藝術的喜好和欣賞能力。

f. 報紙

報紙，是緊貼社會的生活化閱讀材料。家長應選擇內容正面，文字水平高的報紙讓孩子閱讀。適當地讓孩子讀報，能讓孩子認識社會和國際時事，還能讓他們涉獵各種日新月異的資訊。

閱讀報紙的途徑很多，除了在報攤購買外，還有早上免費派發的報紙，或到學校圖書館和公共圖書館去借閱。

4. 創設良好閱讀環境

a. 充足的家庭閱讀資源

家庭閱讀資源就是指能有效提升孩子閱讀興趣，幫助孩子建立良好閱讀態度，並能促進孩子閱讀能力發展的資源。

PIRLS 告訴我們，家庭閱讀活動可以幫助培養孩子良好的閱讀態度。如果加上充足的家庭閱讀資源，孩子的閱讀能力發展就可以事半功倍。家庭閱讀資源究竟是什麼呢？下面會具體説明一下。

b. 讓孩子擁有自己的圖書

每個孩子都擁有不少課本，甚至還有不少補充作業，但這些並不算進孩子自己擁有的圖書之內。除了課本外，如果孩子還擁有自己的圖書，對閱讀就更感興趣了。因此，建議家長給孩子買圖書，或者讓孩子按自己的喜好選擇購買圖書。家長可按自己的負擔能力，決定購買圖書的數量，但最少得有幾本。

c. 家中兒童圖書藏書量

PIRLS 的研究結果發現，家中兒童圖書藏書愈多，學生閱讀成績愈顯著地好。家中兒童書量達二十六至五十本的家庭，其子女的閱讀能力都能達到香港的平均水平。藏書量愈多，孩子的閱讀能力更在水平之上。

如果情況許可，家長應在家中儲藏數量豐富的兒童圖書，為孩子建立一個優質的閱讀環境。畢竟，香港居住環境狹窄，這是一個十分現實的問題。如果情況不容許，家長應經常帶孩子到圖書館去，幫助孩子建立恆常閱讀的習慣。

d. 讓孩子擁有自己的書桌

如果孩子擁有自己的書桌，閱讀和學習可以更加專注。如果家裏有多於一名孩子，最好當然是讓每個孩子都有只屬於自己的，專為閱讀和學習而設的書桌。

別小看一張簡單的桌子，它發揮的效果可大得很呢！

e. 創設安靜的閱讀環境

喧囂嘈吵令人煩厭，寧靜的環境有助孩子專心閱讀和學習。最理想的情況，當然是孩子擁有自己的房間，不受外面的聲音影響。如果環境不許可，每晚關掉電視或收音機兩小時，讓孩子專注閱讀，也是一個辦法。

f. 設置電腦讓孩子進行網上閱讀

互聯網上有豐富的閱讀材料。家長如果能夠在家中設置電腦，不但能幫助孩子認識如何正確地使用電腦，更能夠擴闊孩子的閱讀層面，培養孩子的自學能力。

5. 愛閱讀家庭

a. 做孩子的榜樣

家長的閱讀興趣直接影響孩子的閱讀態度和成績。父母往往是孩子學習的榜樣，以下的事情，你有沒有做到呢？

— 經常為樂趣而閱讀。
— 喜歡和別人談論書籍。
— 喜歡利用空餘時間閱讀。
— 視閱讀為家中一項重要的活動。
— 閱讀是你生活習慣的一部分。

做個以身作則的父母，讓孩子看到你良好的閱讀習慣，正面的閱讀態度，以你為榜樣，愉快地投入到廣闊的閱讀天地裏去。

b. 鼓勵閱讀

這階段的孩子一般都充滿好奇心。如果孩子對某類題材的圖書特別感興趣，父母可以鼓勵他們閱讀，然後再進而閱讀其他不同類型的讀物。為了增加閱讀的樂趣，父母可以跟孩子進行不同的活動，例如：

孩子和家人輪流大聲朗讀。

一起大聲朗讀。

孩子讀畢後，跟家人和朋友分享讀後感，談談書中的人物、故事情節和結局。

閱讀不一定是個人的事情，也可以是家庭和朋輩間的活動。試想，愛閱讀的家長和愛閱讀的孩子，一起圍坐聊書，這是多麼和諧、溫馨、有趣的畫面。

孩子需要鼓勵和讚賞，如果孩子樂於閱讀，積極參與，表現良好，父母不要忘記稱讚孩子，給予肯定啊！

c. 給孩子閒暇的時間

成人工作勞累，需要休息時間；孩子學習忙碌，也需要休息時間。如果學校安排的功課太多，孩子課餘的時間都用來做功課，哪來時間閱讀呢？沒有時間閱讀，何以培養良好的閱讀習慣？何以發展閱讀能力？何以愛上閱讀？

除了功課外，學校一般都會定期安排默書和測驗，目的是評估孩子的學習進度和表現。適量的默書和測驗，可以促進學生學習的成效，幫助診斷他們的學習困難。不過，如果默書和測驗次數過於頻繁，會為孩子帶來沉重的壓力。況且，孩子三天兩天地忙於應付默書和測驗，便沒有時間閱讀課外書，間接窒礙他們發展閱讀能力了！

理想的做法，是家長和學校應該緊密溝通，把時間還給孩子，留給孩子適量的閒暇時間。要知道，孩子除了要有時間閱讀外，還要有時間玩耍和運動啊！

第八章 家長錦囊

1. 關於閱讀興趣和題材的疑問

a. 孩子不喜歡看書，應該如何引導？

要孩子喜歡閱讀，享受閱讀，那麼閱讀一定要是件輕鬆愉快沒壓力的事情。家長可以「投其所好」，鼓勵孩子從自己喜歡的事情開始，選擇自己喜歡的題材。例如孩子喜歡運動，就讓他選擇跟運動有關的書籍。

人都有好奇心和求知欲，如果孩子真的對某一方面特別感興趣，他會希望豐富這方面的知識，閱讀相關圖書就是一個有效途徑。

有時，參與群體活動也是一種動力。組織親子讀書會或小朋友讀書會，讓大家在看完一本書後發表意見，交流想法。家長最好能在會後安排相關的活動，實行閱讀和生活結合，閱讀和遊戲配合，閱讀和知識融合，慢慢把孩子引導到自主閱讀的天地裏去。

b. 孩子常看手機，不喜歡看書，怎麼辦？

家長是孩子的榜樣，孩子看到家長愛閱讀，他也容易愛上閱讀。家長手機不離手，又怎能夠要求孩子放下手機，閱讀圖書呢？

除非孩子跟家長的關係很差，否則沒有孩子不願意跟父母在一起的。嘗試每天定下一段時間，跟孩子一起閱讀，參考本書中的閱讀活動，把閱讀變成親子間快樂相處的事情。

c. 如何發展孩子中英雙語的閱讀能力？

香港學生的中文閱讀能力成績位居世界前列，英文閱讀能力也不俗。大約有一半的學生的英文閱讀成績有中上表現。部份閱讀尖子，中英文閱讀能力更達到母語程度。

不少家長都希望孩子能同時發展中英文的閱讀能力。根據由香港大學教育學院負責的〈香港小學生中英雙語閱讀能力研究〉建議，提升中文閱讀能力的讀物包括：

— 故事書或小說
— 一些解釋事物的書
— 報紙
— 指引或說明書
— 電視屏幕上的字幕
— 歌詞

提升英文閱讀能力的讀物包括：

— 英文漫畫書
— 英文故事或小說
— 一些解釋事物的英文書
— 英文雜誌
— 英文報紙
— 英文指引或說明書
— 電視屏幕上的英文字幕
— 英文歌詞

家長除了鼓勵孩子閱讀以上讀物外，還可以鼓勵孩子和朋友或家人多談正在閱讀的讀物，收看有字幕的電視節目。如果是閱讀英文書的話，鼓勵孩子向家人大聲朗讀，或者聽家人大聲朗讀，都可以提升孩子的英文閱讀能力。

d. 孩子年紀小，可以教他背誦唐詩和三字經等古文嗎？

三歲小孩子，就像鸚鵡學舌，聽得多就記得，看得多就認得。背誦對小孩子來說，根本不是一件痛苦的事情。而且唐詩和三字經等韻文，富有節奏，音韻鏗鏘，孩子雖然未必了解其內容，但也可以感受到文字的優美。因此，只要不是強迫孩子，透過多聽，讓他自然記誦，實也無妨。

至於這些古文的內容，小小的孩子是不容易理解的。但他們這時候記憶力很強，先把這些古文記誦下來，可以日後長大了，才再學習其釋義。

e. 孩子愛看漫畫，如何是好？

經常聽到家長抱怨，讓孩子自己選擇圖書，他就會選一些成年人看來無益的讀物，例如漫畫。結果，買給孩子不是，不買給孩子也不是。

只要題材健康，沒有不良意識，漫畫也不是無益讀物，起碼看漫畫也是一種娛樂。家長認為無益，主要是因為漫畫文字不多，對提升語文能力沒有什麼幫助而已。

如果孩子愛看漫畫或繪本，家長陪伴孩子閱讀是最好的方法。孩子閱讀總是由圖畫開始，圖畫再配合文字是必然的過程，所以只要題材健康，看看也並非壞事，只要不是只看漫畫便無不可。

f. 孩子只愛看一種題材的圖書，如何是好？

每個人都有不同的喜好。當孩子喜歡某項事情，行動上自然有所偏向。有些孩子特別喜歡天文，選擇圖書就偏向宇宙銀河、星體星座等天文知識。這是一種求知的表現，是十分正常的行為。

只要孩子喜歡閱讀，而且閱讀的又是健康的讀物，家長不用過分擔心。孩子長大了，自然會因為生活需要，或者發展其他興趣而閱讀不同題材的讀物。不過，家長還是可以鼓勵孩子，參加不同的讀書活動或讀書會，跟朋輩愉快交流，發展其他閱讀興趣。

g. 同一作品，有視像版本和文字版本，應該先看何者？

現在是多媒體時代，不少作品同時有文字圖書版本，也有影視版本或卡通版本，例如《西遊記》、《三國演義》、金庸先生的武俠小説等。其實這是兩種不同的吸收模式，帶給讀者不同的樂趣。

有人先看影片，對內容有一定的理解後，覺得意猶未盡，吸引他拿起原著，看看作者「原汁原味」的描寫，透過自己的想像，感受文字作品的魅力。有人先看原著，再看影片，欣賞演員的演技，導演的手法，還有佈景、服飾、音效、特技……滿足視覺和聽覺的刺激。

因此，先看哪一版本並不重要。如果是優秀作品，家長可以鼓勵孩子都看，以獲得不同的樂趣。

h. 讓孩子從網上閱讀，還是拿起書本閱讀？

根據 PIRLS 結果顯示，擁有電腦和互聯網連接的學生，只要能夠適當上網，閱讀成績較佳。

今天，很多孩子都擁有電腦，很多孩子都會經常上網。網上的閱讀材料數量和題材都多得很，也方便得很。

互聯網或紙張，都是內容的載體。選擇哪一種載體，只是閱讀形式的問題，而不是閱讀內容的問題。不論哪種閱讀形式，都要注意對身體的影響。長時間看書要光線充足，姿勢正確；長時間進行網上閱讀，更要注意對眼睛、脖子、脊骨的影響。

近來很多研究都指出，長時間使用電腦會對健康做成影響。所以如果要選擇的話，書本閱讀還是比較可取的。

2. 關於孩子閱讀差異的疑問

a. 懷疑孩子有讀寫困難，如何處理？

讀寫困難是一種常見的特殊學習困難。孩子雖然有正常的智力和學習經驗，卻未能準確而流暢地認讀和默寫字詞。按照教育局提供的資料，讀寫困難的孩子具有以下的特徵：

— 口語表達能力較文字表達能力為佳。
— 閱讀欠流暢，並時常錯讀或忘記讀音 。
— 儘管努力學習，仍未能默寫已學的字詞。
— 抄寫時經常漏寫或多寫了筆畫。
— 把文字的部件左右倒轉或寫成鏡像倒影。
— 較易疲倦，需要更多的注意力去完成讀寫的作業。

如果家長懷疑孩子有讀寫困難，應主動告訴學校教師或輔導人員，以便教師及早識別孩子的學習需要。對確認有讀寫困難的孩子，家長應跟學校緊密溝通，了解孩子的學習情況，向專家學習如何在家中支援孩子。

閱讀困難並不罕見。孩子有閱讀困難，家長不要因此而沮喪。相反，家長應抱樂觀積極的態度，耐心地引導及鼓勵孩子，認識和發展自己的潛能，參加有益的課外活動，以增加他們的成就感和自信心。

孩子有讀寫困難，自然需要較長時間來鞏固所學。家長切記保持耐性，留意孩子在日常生活和學習上是否感到壓力。

b. 如何照顧不同年齡孩子的閱讀需要？

家庭閱讀氛圍影響着家中每一個孩子。在每天的家庭閱讀時間，一家人一起閱讀，實是樂事。

孩子年紀小，需要的照顧自然較多，可以由父親或母親進行親子伴讀，講故事、讀故事、聊故事。對於年紀較大的孩子，如果他能獨立閱讀，就讓他獨立閱讀，但家長需要表示關心和欣賞，也抽時間跟孩子聊書，交流意見。

如果兩個孩子都需要伴讀，那麼父母親就「兵分兩路」，各自照顧一個；或者分時段跟孩子伴讀。另外，不少家庭閱讀活動是可以一家大小一起進行的，例如創作故事、角色扮演、誦唱兒歌、字詞接龍、詞彙聯想遊戲等。全家人既玩且讀，既有助提升多方面的能力，又能融入愉快的氣氛之中。

c. 如何決定哪本書適合孩子？

每個孩子都是獨立個體，成長過程有快有慢。一個孩子有其身體年齡，也有其心理年齡。一個經常閱讀，進步明顯的孩子，就算只有四五歲，也可以閱讀適合七八歲孩子閱讀的圖書。如果孩子讀一本書讀得愉快，讀得明白；那麼，這本書就適合他了。

當然，最好的辦法就是讓孩子自己選書，讓孩子選擇自己感興趣的圖書，他會讀得愉快。即使書中稍有不明白的詞彙內容，孩子都會透過上文下理來試圖理解。如果圖書的深淺程度超越孩子的理解能力，孩子自然會把書本放下。家長要做的，就是確保孩子能夠接觸多樣圖書，帶孩子到書店或圖書館去，就是一個很好的辦法。

3. 關於親子閱讀的疑問

a. 家長不會生動地講故事，如何才能引起孩子的興趣？

什麼事情也需要經過學習的過程。從沒做過家長的人，也要學習怎樣做家長。孩子都喜歡聽故事，也都喜歡跟爸爸媽媽在一起，所以由父母來給孩子講故事，是一件最溫馨最理想的事情。

家長跟孩子講故事，最關鍵是「投入」和「專注」。「投入」是全情投入到故事情節和故事角色中去；「專注」就是心無旁騖，給孩子講故事時，不分心到其他事情上。家長講得投入，孩子才聽得投入；家長講得專注，孩子才聽得專注。

熟能生巧，故事愈講得多，講故事的技巧自然愈進步。另外，家長還可以多用身體語言，手勢動作，甚至找來一些小道具，來吸引孩子的注意力。

b. 期望孩子學好普通話，要不要用普通話講故事？

給孩子講故事，最好就是用母語，因為母語是孩子最熟悉的語言，最能引起孩子的興趣。用母語給孩子講故事，能夠豐富孩子的生活詞彙，提高説話能力。如果你的母語是廣東話，就用廣東話給孩子講故事吧！

至於學習普通話，學校有普通話科，加上日後生活上的接觸，家長不用過早和過分擔心孩子的普通話學得不好。

c. 用口語講故事，還是用書面語講故事好呢？

用口語講故事，更接近孩子的生活經驗，孩子會聽得更明白，感覺更有趣。講完故事後，就可以跟孩子朗讀故事，這時就是發揮「書面語」功用的時候了。

d. 跟孩子讀書時，要不要用手指指着書上的文字？

家長用母語講完故事後，就可以用手指指着書中的文字來朗讀故事。用手指指讀，有助孩子認識字音和字形的關係，對認字更有幫助。

當然，年紀小的孩子，眼睛自然先會被書中的圖畫吸引住。但孩子聽到媽媽用溫柔的聲音來讀出一個個的文字，孩子就明白文字是有方向性的，從左至右或從上至下；文字是有讀音的，例如漢字就是一字一音；文字也是有意義的，因為這些文字組成了一個有趣的故事。

e. 如何從閱讀中進行品德教育？

季羨林先生曾經說過：「能為他人着想而遏制自己本性的，就是一個有道德的人。為他人着想的百分比愈高，道德水平就愈高。」

父母的一項重要使命，就是教導孩子正確的價值觀，培養孩子成為一個有品德的人。但是，在沒有實際例子下，向孩子講述這些抽象概念，孩子覺得沒趣，也不易理解。

孩子愛聽故事，也容易把自己代入故事中去。家長透過故事，透過讀後聊書，透過對故事人物的討論，就可以很自然地向孩子進行品德教育。例如：

「如果你是故事中的 XX，你會做同樣的事情嗎？這樣做對別人有什麼影響？」

「如果別人這樣對你，你覺得怎樣？」

透過聊書幫助孩子明白「己所不欲，勿施於人」的道理。日後，當生活中遇到類似的情形，家長又可以再度提醒孩子，做個「為他人着想」的好人。

f. 除了圖書館外，還有什麼社會資源幫助孩子閱讀？

很多家長都會帶孩子到公共圖書館去，讓孩子有機會閱讀不同題材的圖書。可是，不是太多家長會帶孩子到各大大小小的博物館和展覽館去。參觀博物館和展覽館，一可消閒，二可豐富知識，花費不多，獲益匪淺。

香港的博物館，規模有大有小，各有不同主題，例如藝術、科學、歷史、人物等等。博物館經專人設計，資料詳盡，條理分明。有些大型展館，更定期設有特別的專題展覽，從世界各地博物館借來有價值文物，運到香港來給市民參觀，老幼咸宜，機會難得。這些無價的社會資源，家長絕對應該好好利用。

館內的介紹，就是孩子很好的閱讀和學習材料。帶孩子到博物館的另一好處，就是激發孩子的好奇心，增加他們求知的動力。一個愛求知、愛學習、具知識的孩子，才是社會未來需要的人才。

附錄 PIRLS 2016 研究結果主要圖表

表 1 全球學生閱讀能力進展研究 (PIRLS) 2016

50 個國家地區的學生閱讀平均分

國家或地區	閱讀平均分
俄羅斯	581
新加坡	576
中國香港	569
愛爾蘭	567
芬蘭	566
波蘭	565
北愛爾蘭	565
挪威 (5)	559
中華台北	559
英格蘭	559
拉脫維亞	558
瑞典	555
匈牙利	554
保加利亞	552
美國	549
立陶宛	548
意大利	548

國家或地區	閱讀平均分
丹麥	547
中國澳門	546
荷蘭	545
澳大利亞	544
捷克	543
加拿大	543
斯洛文尼亞	542
奧地利	541
德國	537
哈薩克斯坦	536
斯洛伐克	535
以色列	530
葡萄牙	528
西班牙	528
比利時 (法蘭德斯地區)	525
新西蘭	523
法國	511
PIRLS 國際平均分	500
比利時 (法語地區)	497
智利	494
格魯吉亞	488

國家或地區	閱讀平均分
特立尼達和多巴哥	479
阿塞拜疆	472
馬耳他	452
阿拉伯聯合酋長國	450
巴林	446
卡塔爾	442
沙地阿拉伯	430
伊朗	428
阿曼	418
科威特	393
摩洛哥	358
埃及	330
南非	320

表 2 全球學生閱讀能力進展研究 (PIRLS) 2016

香港與部分國家地區的學生閱讀平均分

國家或地區	閱讀平均分
俄羅斯	581
新加坡	576
中國香港	569
中華台北	559
英格蘭	559
美國	549
中國澳門	546
PIRLS 國際平均分	500

表 3 全球學生閱讀能力進展研究 (PIRLS) 2016

部分國家地區學生達到國際閱讀成績基準的比例 (%)

國家或地區	優秀國際基準 (625 分或以上)	高等國際基準 (550 分或以上)	中等國際基準 (475 分或以上)	低等國際基準 (400 分或以上)	400 分以下
新加坡	29	66	89	97	3
俄羅斯	26	70	94	99	1
英格蘭	20	57	86	97	3
中國香港	18	65	93	99	1
美國	16	53	83	96	4
中華台北	14	59	90	98	2
中國澳門	10	50	86	98	2
國際平均	10	47	82	96	4

表 4 全球學生閱讀能力進展研究 (PIRLS) 2016

部分國家地區學生閱讀能力的性別差異 (%)

國家或地區	女生平均分	男生平均分	女生 - 男生
中國澳門	546	545	1
中華台北	563	555	8
美國	553	545	8
中國香港	573	564	9
俄羅斯	588	574	15
英格蘭	566	551	15
新加坡	585	568	17
國際平均	520	501	19

表 5 全球學生閱讀能力進展研究 (PIRLS) 2016

香港與部分國家地區的學生閱讀不同文類的表現

國家或地區	文藝類閱讀	資訊類閱讀
俄羅斯	579	584
新加坡	575	579
中國香港	562	576
中華台北	548	569
英格蘭	536	556
美國	557	543
中國澳門	536	556

表 6 全球學生閱讀能力進展研究 (PIRLS) 2016

香港與部分國家地區的學生於不同閱讀理解過程的表現

國家或地區	尋找資料與簡單推論能力	評價與綜合能力
俄羅斯	581	582
新加坡	573	579
中國香港	568	568
中華台北	560	558
英格蘭	556	561
美國	543	555
中國澳門	549	543

表 7　全球學生閱讀能力進展研究 (PIRLS) 2016

部分國家地區學生的閱讀興趣與學生成績比較

國家或地區	閱讀興趣較高		閱讀興趣一般		閱讀興趣薄弱	
	學生 %	閱讀平均分	學生 %	閱讀平均分	學生 %	閱讀平均分
俄羅斯	46	582	44	581	10	572
中華台北	37	574	44	558	19	538
美國	36	557	42	553	22	538
中國香港	36	583	44	567	21	549
英格蘭	35	575	42	553	22	538
新加坡	31	598	50	574	19	548
中國澳門	31	564	50	543	19	522
國際平均	43	523	41	507	16	486

表 8 全球學生閱讀能力進展研究 (PIRLS) 2016

部分國家地區學生對自己閱讀能力的信心與學生成績比較

國家或地區	對閱讀能力有信心		對閱讀能力信心一般		對閱讀能力缺乏信心	
	學生 %	閱讀平均分	學生 %	閱讀平均分	學生 %	閱讀平均分
英格蘭	53	591	31	541	16	488
新加坡	48	612	36	562	16	503
美國	50	583	32	540	19	496
俄羅斯	43	609	38	575	19	523
中國香港	36	596	38	568	26	534
中華台北	35	589	40	557	24	519
中國澳門	21	582	41	551	38	519
國際平均	45	545	35	503	21	455

表 9 全球學生閱讀能力進展研究 (PIRLS) 2016

部分國家地區學生對閱讀課堂的投入與學生成績比較

國家或地區	積極投入課堂		投入程度一般		課堂並不投入	
	學生 %	閱讀平均分	學生 %	閱讀平均分	學生 %	閱讀平均分
俄羅斯	65	582	32	580	3	568
美國	62	556	32	549	6	521
英格蘭	57	562	38	558	5	530
中華台北	48	564	43	558	9	542
中國澳門	44	551	47	544	9	529
新加坡	43	579	50	578	8	555
中國香港	34	574	52	572	14	548
國際平均	60	516	35	506	5	490

表 10 全球學生閱讀能力進展研究 (PIRLS) 2016

香港小學老師要求學生利用電腦進行語文活動與學生成績比較

要求學生利用電腦進行語文活動	每天或差不多每天		一星期一至兩次		一個月一至兩次		從不或差不多從不	
	學生 %	閱讀平均分	學生 %	閱讀平均分	學生 %	閱讀平均分	學生 %	閱讀平均分
着學生閱讀電子文本	47	570	11	562	25	575	17	582
教導學生閱讀電子文本的策略	10	552	11	561	32	577	46	576
教導學生在互聯網閱讀時要審慎	12	561	15	575	42	567	31	582
着學生查閱資料(如：事實、定義等等)	8	566	27	579	42	567	24	575
着學生研究一個特定的主題或問題	9	570	12	558	40	579	39	570
着學生寫故事或其他文本	4	558	11	565	29	569	55	576

表 11 全球學生閱讀能力進展研究 (PIRLS) 2016

香港小學以普通話作為中文授課語言與學生成績比較

學校以普通話作中文授課語言	學生 %	閱讀平均分
是	64.4	569
不是	35.6	571

表 12 全球學生閱讀能力進展研究 (PIRLS) 2016

部分國家地區學生家庭教育資源與學生成績比較

國家或地區	資源豐富		資源一般		資源不足	
	學生 %	閱讀平均分	學生 %	閱讀平均分	學生 %	閱讀平均分
加拿大	35	579	65	536	1	--
新加坡	29	624	69	562	2	--
中華台北	21	593	74	553	5	513
中國香港	21	579	74	568	5	553
俄羅斯	14	618	84	576	2	--
中國澳門	11	581	81	542	7	530
國際平均	20	572	73	509	7	432

愉快有效提升
孩子的閱讀能力到世界前列

作　　者｜謝錫金、袁妙霞、梁昌欽、吳鴻偉

出版經理｜林瑞芳

責任編輯｜趙步詩、何小書

封面及美術設計｜joe

插　　圖｜Ming

出　　版｜明窗出版社

發　　行｜明報出版社有限公司

香港柴灣嘉業街 18 號

明報工業中心 A 座 15 樓

電　　話｜2595 3215

傳　　真｜2898 2646

網　　址｜http://books.mingpao.com/

電子郵箱｜mpp@mingpao.com

版　　次｜二〇一八年十二月初版

I S B N｜978-988-8525-46-1

承　　印｜美雅印刷製本有限公司